Optik

Jochen Balla

Optik

Wellen – Geräte – Prinzipien

Springer Spektrum

Jochen Balla
Fachbereich Geodäsie
Hochschule Bochum
Bochum, Nordrhein-Westfalen,
Deutschland

ISBN 978-3-662-72643-3   ISBN 978-3-662-72644-0 (eBook)
https://doi.org/10.1007/978-3-662-72644-0

Die Deutsche Nationalbibliothek verzeichnet diese Publikation in der Deutschen Nationalbibliografie; detaillierte bibliografische Daten sind im Internet über https://portal.dnb.de abrufbar.

Planung/Lektorat: Caroline Strunz
Springer Spektrum ist ein Imprint der eingetragenen Gesellschaft Springer-Verlag GmbH, DE und ist ein Teil von Springer Nature.
Die Anschrift der Gesellschaft ist: Heidelberger Platz 3, 14197 Berlin, Germany

Vorwort

Die Optik ist die Wissenschaft vom Licht, einer vielschichtigen physikalischen Erscheinung. Mit der Entdeckung der Maxwell-Gleichungen im 19. Jahrhundert schien das Wesen des Lichts als elektromagnetische Welle vollständig ergründet zu sein. Seine weitere Erforschung enthüllte dann aber seinen Charakter als Strom von Photonen und legte, beginnend mit Planck und Einstein, den Grundstein für die revolutionären physikalischen Theorien des 20. Jahrhunderts, die Quantenmechanik und die Relativitätstheorie.

Ziel dieses Buchs ist, eine Einführung in das Verständnis von Licht und seine Verwendung in optischen Geräten zu geben. Die Beschreibung des Lichts als elektromagnetische Welle ist dabei von zentraler Bedeutung, während seine Photoneneigenschaft in der Regel unberücksichtigt bleiben kann. In der geometrischen Optik kann darüber hinaus auch seine Wellennatur vernachlässigt werden und man erfasst die wesentlichen Eigenschaften durch Lichtstrahlen. Im Einzelnen lässt sich der Inhalt wie folgt umreißen:

- Kap. 1 entwickelt die Grundlagen der Beschreibung von Licht als elektromagnetische Welle. Dabei werden insbesondere auch wellentypische Phänomene wie der Doppler-Effekt oder das Huygens-Prinzip besprochen.
- Kap. 2 erarbeitet mit Reflexion und Brechung an der Grenzfläche zweier Medien die Voraussetzungen für das Verständnis optischer Geräte.
- Kap. 3 widmet sich Linsen und ihren Eigenschaften in der Gauß-Näherung. Ein einfaches Matrizenkalkül erlaubt dabei auch den Zugang zu dicken Linsen und Linsensystemen. Ferner wird ausführlich auf die Fotokamera und auf Abbildungsfehler eingegangen.
- Kap. 4 bespricht die Funktionsweise von Fernrohren mit Schwerpunkt auf dem weitverbreiteten Kepler-Fernrohr.
- Kap. 5 behandelt mit Interferenz und Beugung Wellenphänomene, die für das Verständnis optischer Geräte von großer Bedeutung sind. Insbesondere werden Antireflexschichten, das Michelson-Interferometer und das endliche Auflösungsvermögen optischer Geräte erläutert.

- Kap. 6 schießlich behandelt mit der Polarisation eine weitere Eigenschaft elektromagnetischer Wellen, die für das Verständnis verschiedener Phänomene bedeutsam ist.

Der „Express" am Beginn eines jeden Kapitels erlaubt einen schnellen Überblick über seinen Inhalt und erleichtert es, ggf. bereits Bekanntes zu überspringen, und am Ende wird „Das Wichtigste in Kürze" noch einmal zusammengefasst. Des Weiteren helfen Hintergund-Boxen und Bemerkungen, die Inhalte in einen weiteren physikalischen Zusammenhang einzuordnen. Dabei kann das Buch im Sinn einer Hochschulausbildung voraussetzungslos gelesen werden – physikalische Grundbegriffe werden soweit erläutert, wie es zum Verständnis von Licht notwendig ist.

Literaturhinweise Naturgemäß gibt ein kurzes Buch nur eine Einführung in das umfangreiche Gebiet der Optik. Für ein weiterführendes Studium möchte ich exemplarisch die folgenden Lehrbücher nennen:

- Eugene Hecht, *Optik,* Oldenbourg/de Gruyter: Ausführliches Lehrbuch, in dem auch theoretische Hintergründe detailliert entwickelt werden.
- Bergmann/Schäfer, *Lehrbuch der Experimentalphysik, Band 3, Optik,* de Gruyter: Umfangreiches Lehrbuch mit besonderem Schwerpunkt auf der Experimentalphysik.
- John David Jackson, *Klassische Elektrodynamik,* de Gruyter: Ausführliches Lehrbuch der theoretischen Physik, in dem ausgehend von den den Maxwell-Gleichungen sämtliche Aspekte elektromagnetischer Strahlung entwickelt werden.

Ich würde mich freuen, wenn dieses Buch jeder Leserin und jedem Leser einen erfolgreichen und kurzweiligen Zugang zur Optik ermöglicht :-)

im August 2025   Jochen Balla

Inhaltsverzeichnis

Über den Autor

Prof. Dr. rer. nat. Jochen Balla ist theoretischer Physiker. Seit 2004 unterrichtet er Physik und Mathematik in verschiedenen Bachelor- und Master-Studiengängen der Hochschule Bochum.

Lichtwellen 1

Bei Licht handelt es sich um elektromagnetische Wellen. Dabei stellt es nur einen kleinen Ausschnitt der Gesamtheit elektromagnetischer Strahlung dar, zu der ebenso Radiowellen, Wärmestrahlung, UV-Strahlung, Röntgen-Strahlung usw. gehören. Unter Licht versteht man den Anteil elektromagnetischer Wellen, der vom menschlichen Auge wahrgenommen werden kann.

Express Licht ist eine elektromagnetische Transversalwelle mit der Ausbreitungsgeschwindigkeit $c = c_0/n$. Eine harmonische Welle besitzt die Form $E = E_0 \sin(\omega t - kx)$ und es ist $c = \lambda f$. Die Frequenz f einer elektromagnetischen Welle entspricht der Vakuumwellenlänge $\lambda_0 = c_0/f$. Bei Relativbewegungen zwischen Sender und Empfänger bewirkt der Doppler-Effekt die Wellenlängenveränderung $\lambda_E \approx \lambda_S(1 + v/c)$. Für die Intensität I einer Lichtwelle gilt $I \propto E^2$. Die Ausbreitung von Lichtwellen gehorcht dem Huygens-Prinzip und dem Fermat-Prinzip. Eine Wellengruppe bewegt sich mit der Gruppengeschwindigkeit $c_g = c - \lambda(\mathrm{d}c/\mathrm{d}\lambda)$ vorwärts.

1.1 Maxwell-Gleichungen und elektromagnetische Wellen

Grundlage zur Beschreibung elektromagnetischer Wellen ist die allgemeine Theorie der Elektrodynamik, in der sämtliche Phänomene der Elektrizität und des Magnetis-

© Der/die Autor(en), exklusiv lizenziert an Springer-Verlag GmbH, DE, ein Teil von Springer Nature 2026
J. Balla, *Optik*, https://doi.org/10.1007/978-3-662-72644-0_1

mus enthalten sind. Die Grundgleichungen der Elektrodynamik sind die *Maxwell-Gleichungen*.[1]

Medien, in denen sich Licht ausbreitet – beispielsweise Glas –, erfüllen bestimmte Eigenschaften: Sie sind in der Regel nichtleitend, isotrop, reagieren linear auf externe Felder und sind ladungsfrei. Die Maxwell-Gleichungen besitzen dann die vergleichsweise einfache Form[2]

$$\nabla \times E = -\frac{\partial B}{\partial t} \tag{1.1}$$

$$\nabla \times B = \varepsilon\mu\frac{\partial E}{\partial t} \tag{1.2}$$

$$\nabla \cdot E = 0 \tag{1.3}$$

$$\nabla \cdot B = 0 \tag{1.4}$$

mit dem elektrischen Feld E und dem Magnetfeld B. Bei ε und μ handelt es sich um Materialkoeffizienten, die jeweils einen allgemeinen und einen materialspezifischen Anteil enthalten:

- $\varepsilon = \varepsilon_0\varepsilon_r$ mit der elektrischen Feldkonstante $\varepsilon_0 = 8{,}854 \cdot 10^{-12} \frac{\text{As}}{\text{Vm}}$ und materialabhängiger Dielektrizitätszahl ε_r
- $\mu = \mu_0\mu_r$ mit der magnetischen Feldkonstante $\mu_0 = 4\pi \cdot 10^{-7} \frac{\text{Vs}}{\text{Am}}$ und materialabhängiger Permeabilitätszahl μ_r.

Im Vakuum gilt $\varepsilon_r = \mu_r = 1$.

Hintergrund Ein elektrisches Feld E findet sich beispielsweise zwischen den geladenen Platten eines Kondensators. Es übt auf geladene Teilchen mit der Ladung q die Kraft $F = qE$ aus. Eine weitere elektrische Feldgröße ist die *Verschiebungsdichte* $D = \varepsilon E$.

Ein magnetisches Feld wird gekennzeichnet durch seine *Flussdichte* B und seine *Feldstärke* H mit dem Zusammenhang $B = \mu H$. Auf ein geladenes Teilchen mit der Geschwindigkeit v übt es die Kraft $F = qv \times B$ aus.

Die Feldgrößen und die Wechselwirkungen mit Medien sind im Einzelnen durchaus komplex. Die obige Einschränkung auf nichtleitende, isotrope (in alle Richtungen gleich, d. h., insbesondere ohne Magnetisierung), lineare, ladungsfreie (ohne elektrische Quellen) Medien vereinfacht die Verhältnisse.

---

[1] Benannt nach dem schottischen Physiker James Clerk Maxwell, 1831–1879, der die Gleichungen 1864 erarbeitet hat.

[2] Wir verwenden mit der folgenden Schreibweise den *Nabla-Operator* $\nabla = \left(\frac{\partial}{\partial x}, \frac{\partial}{\partial y}, \frac{\partial}{\partial z}\right)$.

Bei den Maxwell-Gleichungen handelt es sich um ein System gekoppelter partieller Differenzialgleichungen, wobei sich durch Ansehen der Gleichungen bereits wichtige Feststellungen treffen lassen:

- Nach Gl. (1.1) erzeugt ein zeitlich veränderliches Magnetfeld ein elektrisches Feld und umgekehrt nach Gl. (1.2) ein zeitlich veränderliches elektrisches Feld ein Magnetfeld. *Zeitlich veränderliche elektrische und magnetische Felder können sich somit wechselseitig erzeugen.*
- Bis auf Vorfaktoren tauchen elektrisches und magnetisches Feld symmetrisch auf. Beide Felder verhalten sich daher im Wesentlichen gleich.

Ferner ergeben sich aus den Gl. (1.1)–(1.4) identische *Wellengleichungen* für die kartesischen Komponenten u der Felder E und B:[3]

$$\nabla^2 u = \varepsilon\mu\,\frac{\partial^2 u}{\partial t^2}. \tag{1.5}$$

Diese Wellengleichungen besagen, dass sich elektrische und magnetische Felder als Wellen im Raum ausbreiten können.

Auch die weiteren grundlegenden Eigenschaften *elektromagnetischer Wellen*, insbesondere die Richtungen der Felder relativ zur Ausbreitungsrichtung und ihre relativen Beträge, sind mit genauerer Analyse in den Gl. (1.1)–(1.4) enthalten; es ergibt sich:

- Die elektromagnetischen Wellen sind *Transversalwellen*. Sowohl das E-Feld als auch das B-Feld schwingen *senkrecht* zur Ausbreitungsrichtung der Welle.
- Das E-Feld und das B-Feld schwingen in Phase und sie stehen wechselseitig senkrecht aufeinander. Genauer gilt: Mit der Ausbreitungsrichtung n der Welle bilden die Vektoren n, E, B ein Rechtssystem. Siehe Abb. 1.1.

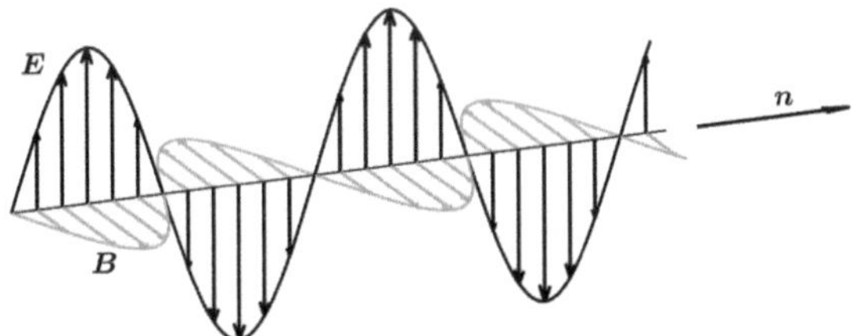

Abb. 1.1 Elektromagnetische Wellen sind Transversalwellen: Die Schwingungsvektoren, also das E- und B-Feld, stehen senkrecht zur Ausbreitungsrichtung. Außerdem sind E- und B-Feld senkrecht zueinander und bilden mit der Ausbreitungsrichtung n ein Rechtssystem

---

[3] Man leitet eine der ersten beiden Gleichungen nach t ab und kombiniert sie mit der anderen Gleichung. Mit der Identität $\nabla \times (\nabla \times a) = \nabla(\nabla \cdot a) - \nabla^2 a$ erhält man unter Verwendung der zweiten beiden Gleichungen dann die Wellengleichungen.

- Die Beträge von E- und B-Feld stehen in festem Verhältnis zueinander:

$$|B| = \sqrt{\varepsilon\mu}\,|E|. \tag{1.6}$$

Eine elektromagnetische Welle wird daher durch die Angabe ihres E-Felds alleine (oder auch ihres B-Felds) vollständig festgelegt.

Hintergrund Eine Wellengleichung ist eine partielle Differenzialgleichung mit der allgemeinen Form

$$\nabla^2 u = \left(\frac{\partial^2}{\partial x^2} + \frac{\partial^2}{\partial y^2} + \frac{\partial^2}{\partial z^2} \right) u = \frac{1}{c^2} \frac{\partial^2 u}{\partial t^2}. \tag{1.7}$$

Darin steht $u = u(t, x, y, z)$ für die Wellenfunktion, mit der die „Auslenkung" der Welle zur Zeit t am Ort (x, y, z) beschrieben wird, und die Welle bewegt sich mit der Ausbreitungsgeschwindigkeit c fort.

Die Tatsache, dass sich aus den Maxwell-Gleichungen mit der Gl. (1.5) eine Gleichung dieses Typs gewinnen lässt, bedeutet also, dass im Elektromagnetismus das Phänomen elektromagnetischer Wellen enthalten ist.

Da die Wellengleichung linear ist, sind mit zwei Lösungen u_1 und u_2 auch deren Summe oder allgemeiner alle Linearkombinationen Lösungen. Wellen können sich daher überlagern *(Superpositionsprinzip)*.

Elektromagnetische Wellen sind Transversalwellen. Im Unterschied dazu handelt sich es sich bei Schallwellen um Longitudinalwellen: Die Moleküle des Mediums, durch die der Schall übertragen wird, schwingen in Ausbreitungsrichtung der Welle.

1.2   Lichtgeschwindigkeit

Die Wellengleichung (1.5) erlaubt die Ausbreitung elektromagnetischer Wellen im Raum. Einem Vergleich mit der allgemeinen Form (1.7) einer Wellengleichung entnimmt man die Ausbreitungsgeschwindigkeit elektromagnetischer Wellen als

$$c = \frac{1}{\sqrt{\varepsilon\mu}} = \frac{1}{\sqrt{\varepsilon_0\varepsilon_r\mu_0\mu_r}} = \frac{1}{\sqrt{\varepsilon_r\mu_r}} \frac{1}{\sqrt{\varepsilon_0\mu_0}} = \frac{1}{\sqrt{\varepsilon_r\mu_r}} c_0 \tag{1.8}$$

mit der *Vakuumlichtgeschwindigkeit*[4]

$$c_0 = 299\,792\,458 \,\frac{\text{m}}{\text{s}}. \tag{1.9}$$

Im Unterschied zu „mechanischen" Wellen, etwa Schallwellen, breiten sich elektromagnetische Wellen auch im Vakuum, d. h. ohne Medium aus. Dabei handelt es sich bei der Vakuumlichtgeschwindigkeit um eine fundamentale Naturkonstante: Aus der Relativitätstheorie folgt, dass sich kein materieller Körper (und auch kein Lichtsignal) mit einer größeren Geschwindigkeit als c_0 bewegen kann.

Beispiel Der Mond und die Sonne besitzen einen mittleren Abstand von $384\,400$ km bzw. $149{,}6 \cdot 10^6$ km von der Erde. Das Licht gelangt durch das Vakuum des Weltraums von diesen Himmelskörpern zur Erde und benötigt dazu die Zeiten

$$t_{\text{M}} = \frac{384\,400 \cdot 10^3 \,\text{m}}{299\,792\,458 \,\text{m/s}} = 1{,}28 \,\text{s} \tag{1.10}$$

$$t_{\text{S}} = \frac{149{,}6 \cdot 10^9 \,\text{m}}{299\,792\,458 \,\text{m/s}} = 499{,}01 \,\text{s} \approx 8{,}3 \,\text{min}. \tag{1.11}$$

Der Mond ist somit etwa eine Lichtsekunde von der Erde entfernt und die Sonne etwa acht Lichtminuten. (Der nächstgelegene Stern besitzt einen Abstand von etwa vier Lichtjahren.)

In einem Medium (Luft, Glas, Wasser usw.) führen die Wechselwirkungen mit der Lichtwelle zu der verringerten Ausbreitungsgeschwindigkeit c und man definiert die *Brechzahl*

$$n := \frac{c_0}{c}. \tag{1.12}$$

So besitzt Luft etwa eine Brechzahl von $1{,}00028$ und die Brechzahlen von optischem Glas oder Kunststoff bewegen sich im Bereich von $1{,}4$ bis $1{,}9$. Dabei ist zu beachten, dass der exakte Wert der Brechzahl im Allgemeinen von der Frequenz der elektromagnetischen Welle abhängt.

Exkurs historische Messung der Lichtgeschwindigkeit Licht ist mit ungefähr $300\,000$ km/s für irdische Maßstäbe sehr schnell: Es würde in einer Sekunde $7\tfrac{1}{2}$-mal die Erde umrunden. Die Messung der Lichtgeschwindigkeit oder auch nur festzustellen, dass Licht nicht unendlich schnell ist, fällt

---

[4] Der Wert für c_0 ist exakt, ohne Nachkommastellen. Die aktuelle Definition des Meters (gültig seit 1983) ist über die Lichtgeschwindigkeit an eine Zeitmessung gekoppelt: Ein Meter ist definiert als die Strecke, die das Licht im Vakuum in einer Zeit von $1/299\,792\,458$ s zurücklegt.

daher nicht leicht. Die erste erfolgreiche „Messung" der Lichtgeschwindigkeit

gelang Ole Rømer[5] im Jahr 1676 mit astronomischen Methoden:
Rømer ermittelte die Umlaufzeiten des Jupitermonds Io, indem er den Zeitabstand zweier Eintritte des Monds in den Kernschatten des Jupiters beobachtete:

$$T_{\text{Io}} = 42\,\text{h}\,28\,\text{min}\,36\,\text{s}. \tag{1.13}$$

So konnte er die zukünftig zu erwartenden Zeitpunkte für den Eintritt des Monds in den Kernschatten berechnen. Seine Beobachtungen wichen jedoch systematisch von den errechneten Zeitpunkten ab: Während des Halbjahrs, in dem sich die Erde vom Jupiter entfernt, verzögern sich die Eintritte zunehmend bis ca. $\Delta t = 1000\,\text{s}$ Verspätung, kompensieren diesen Rückstand aber im nächsten Halbjahr und stimmen nach einem Jahr wieder mit den berechneten Werten überein.

Rømer folgerte: Das Licht benötigt zwischen der kleinsten und der größten Entfernung der Erde zum Jupiter zusätzliche Zeit, um zur Erde zu gelangen. Die Wegdifferenz entspricht dem Durchmesser $d \approx 300\,\text{Mio. km}$ der Erdbahn – der Jupiter behält während eines Erdjahrs in etwa seine Position bei –, sodass die Lichtgeschwindigkeit wie folgt berechnet werden kann:

$$c \approx \frac{d}{\Delta t} = \frac{3 \cdot 10^{11}\,\text{m}}{1000\,\text{s}} = 300\,000\,\frac{\text{km}}{\text{s}}. \tag{1.14}$$

Das historische Ergebnis mit Rømers Werten lautete

$$c_{\text{hist}} \approx \frac{3,11 \cdot 10^{11}\,\text{m}}{1450\,\text{s}} = 214\,000\,\frac{\text{km}}{\text{s}} \tag{1.15}$$

und gab die Größenordnung der Lichtgeschwindigkeit gut wieder.

Eine irdische Messung gelang Hippolyte Fizeau[6] im Jahr 1849 mit der „Zahnradmethode": Licht wird durch die Lücke eines Zahnrads auf einen entfernten Spiegel geschickt, dort reflektiert und das zurückkehrende Licht wird durch dieselbe Lücke beobachtet. Nun wird das Zahnrad in schneller werdende Rotation versetzt, bis das zurückkehrende Licht nicht mehr sichtbar ist, weil während seiner Laufzeit das Zahnrad von Lücke auf Zahn gewechselt hat und das zurückkehrende Licht somit blockiert wird. Im historischen Versuch wurde eine Messstrecke von 8,6 km Länge und ein Zahnrad mit 720 Zähnen verwendet. Das Licht wurde bei 12,6 Umdrehungen pro Sekunde blockiert, was eine Lichtgeschwindigkeit von 315 300 km/s ergab.

---

[5] Ole Rømer war ein dänischer Astronom, 1644–1710.
[6] Hippolyte Fizeau war ein französischer Physiker, 1819–1896.

1.3 Photonen

Die Natur des Lichts wird mit den Maxwell-Gleichungen und der Beschreibung als elektromagnetische Welle nicht vollständig erfasst. Lichtstrahlung zeigt nämlich außerdem Teilchencharakter, sie ist quantisiert: Der Lichtstrom besteht aus diskreten Teilchen, sogenannten *Photonen*.[7] Die Energie eines Photons der Strahlungsfrequenz f beträgt

$$E = hf \tag{1.16}$$

mit dem Planck-Wirkungsquantum $h = 6{,}626 \cdot 10^{-34}\,\text{Js}$.

Bei sichtbarem Licht spielt die Teilcheneigenschaft i. Allg. eine untergeordnete Rolle. Die Energie eines einzelnen Photons ist klein und die Anzahl der Photonen in alltäglichen Vorgängen daher ungeheuer groß. So emittiert eine Lichtquelle mit einer Strahlungsleistung von $10\,\text{W}$, die gelbes Licht der Frequenz $f = 5{,}14 \cdot 10^{14}\,\text{s}^{-1}$ ausstrahlt, pro Sekunde

$$\frac{10\,\text{W} \cdot 1\,\text{s}}{hf} = \frac{10\,\text{J}}{6{,}626 \cdot 10^{-34}\,\text{Js} \cdot 5{,}14 \cdot 10^{14}\,\text{s}^{-1}} \approx 3 \cdot 10^{19} \tag{1.17}$$

Photonen. Ihr Lichtstrom besitzt damit praktisch kontinuierlichen Charakter.

1.4 Grundlegende Eigenschaften von Lichtwellen

Bei der Wellengleichung

$$\nabla^2 u = \left(\frac{\partial^2}{\partial x^2} + \frac{\partial^2}{\partial y^2} + \frac{\partial^2}{\partial z^2} \right) u = \frac{1}{c^2} \frac{\partial^2 u}{\partial t^2}, \tag{1.18}$$

handelt es sich um eine dreidimensionale Gleichung, die die Ausbreitung der Welle in eine beliebige Raumrichtung zulässt. Für eine Welle in x-Richtung können wir uns auf die eindimensionale Wellengleichung

$$\frac{\partial^2 u}{\partial x^2} = \frac{1}{c^2} \frac{\partial^2 u}{\partial t^2} \tag{1.19}$$

beschränken. Die Wellenfunktion u steht für die kartesischen Komponenten des $\boldsymbol{E}$- oder $\boldsymbol{B}$-Felds und sie hängt offenbar von t und von x ab, es ist also $u = u(t, x)$.

Durch Einsetzen zeigt man, dass Gl. (1.19) durch folgenden Ansatz einer *harmonischen Welle* gelöst wird:

$$u(t, x) = u_0 \sin\left(\omega \left(t - \frac{x}{c} \right) + \varphi_0 \right). \tag{1.20}$$

---

[7] Das Konzept der Photonen als „Lichtteilchen" wurde im Jahr 1905 von Albert Einstein, 1879–1955, in seiner Arbeit zum lichtelektrischen Effekt entwickelt.

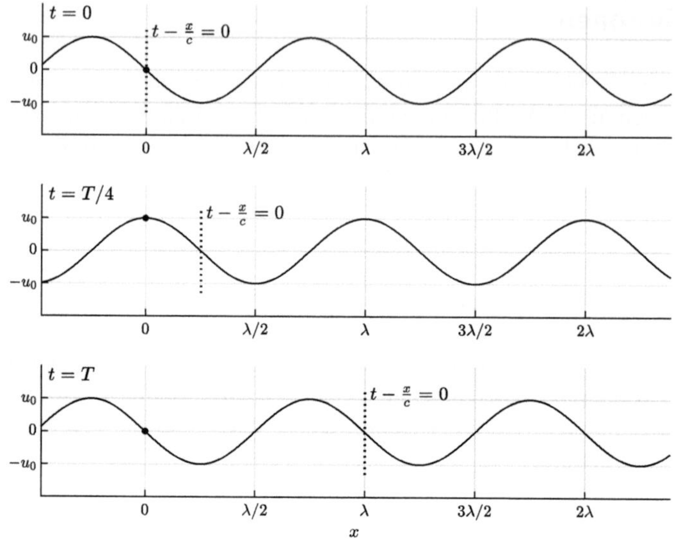

Abb. 1.2 Aussehen der harmonischen Welle (1.20) mit der Anfangsphase $\varphi_0 = 0$ zu verschiedenen Zeiten t. An einem Ort oszilliert die Welle mit der Periodendauer T und in dieser Zeit legt eine Phasenfläche die Strecke λ zurück

Darin ist u_0 die *Amplitude* der Welle, das Argument der Sinusfunktion wird als *Phase* bezeichnet und φ_0 als *Anfangsphase,* die für praktische Anwendungen allerdings oft weggelassen werden kann. Siehe Abb. 1.2.

Bemerkung Harmonische Wellen sind nicht die einzigen Lösungen der Wellengleichung (1.19). Sie wird durch jede Funktion gelöst, die nur vom Argument $t - x/c$ oder $t + x/c$ abhängt. Die harmonischen Wellen stellen einfache und praktische Lösungen dar, da sie durch Überlagerung mehrerer Einzelwellen die Synthese beliebiger anderer physikalischer Lösungen erlauben.

Die Welle (1.20) ist ein zeitlich und räumlich periodischer Vorgang:

- Hält man einen Ort x fest, ergibt sich die zeitliche Periodizität: Die Phase

$$\varphi = \omega t - \omega \frac{x}{c} \tag{1.21}$$

ändert für festes x mit t ihren Wert. Ein voller Durchlauf wird nach der *Periodendauer* T erreicht, für die gilt

$$\omega T = 2\pi, \tag{1.22}$$

und wir erhalten damit für die sogenannte *Kreisfrequenz*

$$\omega = \frac{2\pi}{T} = 2\pi f \qquad (1.23)$$

mit der *Frequenz* $f = 1/T$ der Welle.[8]

- Hält man eine Zeit t fest, ändert die Phase (1.21) mit dem Ort x ihren Wert. Sie erreicht einen vollen Durchlauf nach Ablauf der Strecke λ, der sogenannten *Wellenlänge*, für die gilt

$$\omega \frac{\lambda}{c} = 2\pi. \qquad (1.24)$$

Aus diesem Zusammenhang erhalten wir die für Wellen fundamentale Beziehung

$$c = \lambda f = \frac{\lambda}{T}. \qquad (1.25)$$

- Eine Phase breitet sich mit der *Phasengeschwindigkeit* c aus: Wird durch $t - x/c = \text{const.}$ eine bestimmte Phase festgelegt, gehört zu dieser Phase stets dieselbe Auslenkung $u(t, x)$. Da die Zeit t ständig wächst, bewegt sich die Phase mit der Geschwindigkeit c hin zu größeren x-Werten. Die Phasengeschwindigkeit gibt also an, wie schnell sich etwa ein Wellenberg vorwärts bewegt.

In Analogie zur Kreisfrequenz ω definiert man die *Wellenzahl*

$$k = \frac{2\pi}{\lambda}, \qquad (1.26)$$

mit der die harmonische Welle die folgende übersichtliche Form annimmt:

$$u(t, x) = u_0 \sin\left(\omega t - kx + \varphi_0\right). \qquad (1.27)$$

Die Welle (1.27) breitet sich in x-Richtung aus. Für eine beliebige Ausbreitungsrichtung, die durch den Einheitsvektor $\boldsymbol{n}$ gegeben wird, erweitert man die Wellenzahl zum *Wellenzahlvektor*

$$\boldsymbol{k} = \frac{2\pi}{\lambda}\, \boldsymbol{n} \qquad (1.28)$$

und die Welle kann dann in der Form

$$\boldsymbol{E}(t, \boldsymbol{x}) = \boldsymbol{E}_0 \sin\left(\omega t - \boldsymbol{k} \cdot \boldsymbol{x} + \varphi_0\right) \qquad (1.29)$$

geschrieben werden, wobei wir jetzt mit $\boldsymbol{E}_0 \perp \boldsymbol{n}$ auch eine Schwingungsrichtung des $\boldsymbol{E}$-Felds vorgegeben haben.

---

[8] Während zur Angabe von Frequenzen die Verwendung der Einheit 1 Hertz = 1 Hz = 1 s^{-1} üblich ist, bleibt man bei Kreisfrequenzen in der Regel bei s^{-1}.

Bemerkung Aufgrund der Anfangsphase kann eine harmonische Welle in unterschiedlichen Formen angegeben werden: Wegen

$$\sin\left(\omega t - kx + \varphi_0\right) = \cos\left(\omega t - kx + \varphi_0 - \pi/2\right) = \sin\left(kx - \omega t - \varphi_0 + \pi\right)$$

ergeben die Ausdrücke

$$u(t, x) = u_0 \sin\left(\omega t - kx + \varphi_0\right) = u_0 \cos\left(\omega t - kx + \varphi_0^*\right)$$
$$= u_0 \sin\left(kx - \omega t + \varphi_0^{**}\right)$$

allesamt dieselbe Welle, nur unter Verwendung verschiedener Anfangsphasen. Insbesondere können also ωt und kx in anderer Reihenfolge verwendet werden.

Beispiel: 21 cm-Wellen

In der Astronomie sind sogenannte 21 cm-Wellen bedeutsam, also elektromagnetische Wellen mit einer Wellenlänge von 21 cm. Wir ermitteln die Wellenfunktion einer solchen Welle: Die Wellenzahl k ergibt sich unmittelbar aus der Wellenlänge,

$$k = \frac{2\pi}{\lambda} = \frac{2\pi}{0,21\,\text{m}} = 29,92\,\text{m}^{-1}. \tag{1.30}$$

Die Wellen breiten sich im Vakuum mit der Vakuumlichtgeschwindigkeit $c_0 \approx 3 \cdot 10^8\,\text{ms}^{-1}$ aus. Aus

$$c = \lambda f = \frac{\omega}{k} \tag{1.31}$$

erhalten wir die Kreisfrequenz

$$\omega = ck = 3 \cdot 10^8\,\text{ms}^{-1} \cdot 29,92\,\text{m}^{-1} = 8,976 \cdot 10^9\,\text{s}^{-1} \tag{1.32}$$

und damit insgesamt eine Wellenfunktion der Form

$$u(t, x) = u_0 \sin\left(8,976 \cdot 10^9\,\text{s}^{-1}\,t - 29,92\,\text{m}^{-1}\,x + \varphi_0\right). \tag{1.33}$$

Über die Amplitude u_0 und die Anfangsphase φ_0 kann ohne weitere Angaben keine Aussage getroffen werden.

Tab. 1.1 Unterschiedliche Frequenzen bzw. Vakuumwellenlängen elektromagnetischer Strahlung mit üblichen Bezeichnungen. Sichtbares Licht besitzt Wellenlängen zwischen 400 nm und 800 nm

Frequenz f	Wellenlänge λ_0	Bezeichnung
$<3 \cdot 10^8$ Hz	< 1 m	Radiowellen
$3 \cdot 10^8$ Hz bis $3 \cdot 10^{11}$ Hz	1 m bis 1 mm	Mikrowellen
$3 \cdot 10^{11}$ Hz bis $3,8 \cdot 10^{14}$ Hz	1 mm bis $0,8\,\mu$m	Infrarot
$3,8 \cdot 10^{14}$ Hz bis $7,6 \cdot 10^{14}$ Hz	800 nm bis 400 nm	Licht
$7,6 \cdot 10^{14}$ Hz bis $3 \cdot 10^{16}$ Hz	400 nm bis 10 nm	Ultraviolett
$<3 \cdot 10^{16}$ Hz	< 10 nm	Röntgen-Strahlen
$<3 \cdot 10^{19}$ Hz	$< 0,01$ nm	Gammastrahlen

1.4.1 Elektromagnetisches Spektrum

Die Frequenz $f = 1/T$ einer Welle gibt mit der Ausbreitungsgeschwindigkeit auch ihre Wellenlänge vor: Es ist $\lambda = c\,T$, d.h., in der Zeit T legt die Welle den Weg λ zurück. Im Vakuum ist die Frequenz f gleichbedeutend mit der *Vakuumwellenlänge*

$$\lambda_0 = \frac{c_0}{f}. \tag{1.34}$$

Während die Frequenz erhalten bleibt, ändert sich die Wellenlänge in einem Medium mit der Brechzahl n auf

$$\lambda = \frac{c}{f} = \frac{c_0/n}{f} = \frac{\lambda_0}{n}. \tag{1.35}$$

Unterschiedliche monochromatische Wellen können durch Angabe ihrer Frequenz oder ihrer Vakuumwellenlänge festgelegt werden. Da die Frequenzen sehr groß sind, ist die Angabe der Wellenlänge anschaulicher.[9] Die Bandbreite elektromagnetischer Strahlung reicht von Radiowellen mit Wellenlängen von Metern bis hinunter zu Gammastrahlung mit Wellenlängen im subatomaren Bereich, siehe Tab. 1.1. Die unterschiedlichen Wellenlängenbereiche weisen teilweise sehr unterschiedliche physikalische Eigenschaften auf. Je kleiner die Wellenlänge ist, desto stärker macht sich der Teilchencharakter der Strahlung bemerkbar: Gammastrahlung ist weniger eine Welle als ein Strom von Gammaphotonen.

Sichtbares Licht hat Wellenlängen zwischen 400 nm mit der Farbe violett und bewegt sich mit dem optischen Spektrum von blau über grün, gelb, orange bis hin zu rot bei 800 nm. Es wird auf der kurzwelligen Seite durch UV-Strahlung (Ultraviolett) und auf der langwelligen Seite durch Infrarotstrahlung begrenzt.

Die irdische Atmosphäre ist für weite Bereiche der aus dem Weltraum eintreffenden elektromagnetischen Strahlung undurchlässig. Es gibt lediglich zwei „Fenster": Durch das *optische Fenster* gelangt das sichtbare Licht und nahe Infrarotstrahlung

---

[9] Man spricht oft vereinfacht von „Wellenlänge", auch wenn die Vakuumwellenlänge gemeint ist.

zur Erdoberfläche und das *Radiofenster* ist offen für Wellenlängen von einigen Millimetern bis 20 m.

Bemerkung Zur Erforschung des Weltraums gibt es auf der Erde optische Teleskope und Radioteleskope. Andere Wellenlängenbereiche sind natürlich ebenso von großem wissenschaftlichem Interesse, können aber nur von Satelliten aus beobachtet werden, die sich außerhalb der Erdatmosphäre befinden.

Exkurs Schwarzkörperstrahlung Unter einem *Schwarzen Körper* versteht man einen Körper, der keine Strahlung reflektiert, und die *Schwarzkörperstrahlung* ist somit die Strahlung, die von dem Körper selbst stammt. Jeder Körper emittiert ein kontinuierliches Spektrum elektromagnetischer Strahlung, dessen Verlauf einzig von seiner Temperatur T abhängt: Je höher die Temperatur ist, desto höher ist die Strahlungsintensität in allen Wellenlängenbereichen, und das Maximum der Strahlungsintensität liegt bei einer Wellenlänge λ_{max}, für die das *Wiensche Verschiebungsgesetz*

$$\lambda_{max}(T) = \frac{2897{,}8\,\mu\mathrm{m}}{T/\mathrm{K}} \tag{1.36}$$

gilt.

Die Sonne strahlt als Schwarzer Körper mit einer Oberflächentemperatur von $T = 5772\,\mathrm{K}$. Das Maximum ihrer Strahlungsintensität liegt daher bei $\lambda_{max} = 527\,\mathrm{nm}$, also im Bereich des sichtbaren Lichts. Die Glühwendel einer herkömmlichen Glühbirne hat eine Temperatur von etwa 3000 K und ihr Strahlungsmaximum bei $\lambda_{max} = 1\,\mu\mathrm{m}$. Der Hauptanteil ihrer Strahlungsleistung liegt damit abseits des sichtbaren Lichts im Infrarotbereich.

Auch ein menschlicher Körper strahlt mit seiner Temperatur von $T = 37\,^{\circ}\mathrm{C} = 310\,\mathrm{K}$ und besitzt sein Strahlungsmaximum bei $\lambda_{max} = 9{,}3\,\mu\mathrm{m}$. Mit seiner geringen Temperatur ist die Strahlungsleistung insgesamt vergleichsweise klein und im Bereich des sichtbaren Lichts gänzlich vernachlässigbar.

1.4.2 Doppler-Effekt

Befindet sich der Empfänger einer Welle relativ zum Sender in Bewegung, bewegen sie sich also voneinander weg oder aufeinander zu, so wird die Welle im Bezugssystem des Empfängers gestreckt bzw. gestaucht. Diese Veränderung der Wellenlänge bezeichnet man als *Doppler-Effekt*.[10]

Zwischen Licht und Schall besteht dabei ein grundsätzlicher Unterschied: Schallwellen werden von einem Medium übertragen, beispielsweise Luft. Die Schallgeschwindigkeit bezieht sich auf das Medium und bewegt sich ein Beobachter relativ zur Luft, misst er eine andere Schallgeschwindigkeit. *Die Lichtgeschwindigkeit c ist hingegen in jedem Bezugssystem gleich, unabhängig von dessen Relativgeschwindigkeit zu anderen Bezugssystemen.* Dieses Phänomen und seine konsistente Beschreibung sind der Kern der speziellen Relativitätstheorie, die 1905 von Albert Einstein formuliert wurde. Die korrekte Beschreibung des Doppler-Effekts für Lichtwellen erfordert somit eine relativistische Betrachtung; sie führt auf folgendes Ergebnis für die vom Empfänger beobachtete Wellenlänge:

$$\lambda_E = \lambda_S \sqrt{\frac{1 + \frac{v}{c}}{1 - \frac{v}{c}}}, \tag{1.37}$$

wobei positive v eine Vergrößerung des Abstands zwischen Sender und Empfänger bedeuten. Gl. (1.37) entspricht wegen

$$\lambda_E f_E = c = \lambda_S f_S$$

einer entsprechenden Frequenzveränderung der Welle. Entwickelt man Gl. (1.37) für kleine v/c, ergibt sich

$$\lambda_E \approx \lambda_S \left(1 + \frac{v}{c}\right). \tag{1.38}$$

Bewegen sich Sender und Empfänger aufeinander zu ($v < 0$), wird die Wellenlänge verkleinert, bewegen sie sich voneinander weg ($v > 0$), wird sie vergrößert.

Beispiele (1) Das Spektrum von Sternenlicht enthält bestimmte Linien (Frauenhofer-Linien), die durch die Sternatmosphäre erzeugt werden. Beobachtet man das Licht entfernter Sterne, stellt man fest, dass diese Linienmuster gegenüber ihrer eigentlichen Position verschoben sein können. Bei einer *Rotverschiebung* – also in Richtung des roten Endes des sichtbaren Lichts – bewegt sich der Stern von uns weg und bei einer *Blauverschiebung* auf uns zu. Mit der Messung der Verschiebung können somit die Relativgeschwindigkeiten astronomischer Objekte ermittelt werden. Auf diese Weise wurde die die Expansion des Weltalls entdeckt: Je weiter kosmische Objekte von uns entfernt sind, desto größer ist ihre Rotverschiebung.

(2) Die Radarmessung der Geschwindigkeit von Fahrzeugen erfolgt anhand des Doppler-Effekts: Das Radargerät sendet eine Welle mit bekannter Wellenlänge aus, die vom Fahrzeug mit seiner Relativgeschwindigkeit v reflektiert wird. Da

---

[10] Benannt nach dem österreichischen Physiker Christian Doppler, 1803–1853.

die reflektierte Welle von einem bewegten Sender stammt, weist sie eine entsprechende Wellenlängenveränderung auf. Zur Berechnung der Relativgeschwindigkeit reicht die Näherungsformel (1.38) aus – das Verhältnis v/c liegt hier in der Größenordnung von $30/(3 \cdot 10^8) = 10^{-7}$.

1.4.3   Intensität

Elektromagnetische Wellen transportieren Energie. Die *Intensität* I einer Welle gibt die Energie $\mathcal{E}$ an, die pro Zeiteinheit Δt durch eine Fläche ΔF transportiert wird, also

$$I = \frac{\mathcal{E}}{\Delta F \, \Delta t}, \quad [I] = \frac{[\mathcal{E}]}{\mathrm{m^2 s}} = \frac{\mathrm{Ws}}{\mathrm{m^2 s}} = \frac{\mathrm{W}}{\mathrm{m^2}} = \frac{\mathrm{VA}}{\mathrm{m^2}}. \tag{1.39}$$

Hintergrund Die mechanische Energieeinheit ist $1\,\mathrm{Nm} = 1\,\mathrm{J}$. In elektrischen Einheiten gilt $1\,\mathrm{J} = 1\,\mathrm{VAs}$. Leistung ist Energie durch Zeit, die Einheit der Leistung ist $1\,\mathrm{W} = 1\,\mathrm{VA}$. Die Intensität einer Welle ist Leistung durch Fläche.

Die Energie des elektromagnetischen Wellenfelds setzt sich aus den Feldenergien des elektrischen und des magnetischen Felds zusammen und für die Intensität einer elektromagnetischen Welle in einem Raumpunkt gilt[11]

$$I(t) = \sqrt{\frac{\varepsilon}{\mu}}\, E^2(t) = \sqrt{\frac{\varepsilon}{\mu}}\, E_0^2 \sin^2(\omega t). \tag{1.40}$$

Wegen der sehr hohen Frequenz von Lichtwellen ist die Zeitabhängigkeit der Intensität nicht messbar. Vielmehr wird nur der Mittelwert beobachtet und mit dem (integralen) Mittelwert $1/2$ der $\sin^2$-Funktion haben wir

$$I = \frac{1}{2}\sqrt{\frac{\varepsilon}{\mu}}\, E_0^2. \tag{1.41}$$

Die Intensität einer Lichtwelle ist proportional zum Quadrat der Amplitude ihres elektrischen Felds. Da die Intensität die mit der Zeit von einer Lichtwelle übertragene Energie angibt, entspricht sie der *Photonendichte* der Welle.

---

[11] Die Intensität ergibt sich aus den Energiedichten des elektrischen und magnetischen Felds. Sie sind aufgrund der Kopplung der beiden Felder gleich groß und man hat in Summe $w(t) = \varepsilon E^2(t)$. Diese Energiedichte strömt mit der Geschwindigkeit $c = 1/\sqrt{\varepsilon\mu}$, sodass man die Intensität $I(t) = w(t)c$ und damit Gl. (1.40) erhält.

Beispiel Die *Solarkonstante* ist die Intensität der Sonnenstrahlung, die auf die Erde trifft. Sie unterliegt natürlichen Schwankungen und wird im Mittel mit

$$I_0 = 1361 \, \frac{\mathrm{W}}{\mathrm{m}^2} \tag{1.42}$$

angegeben. Auf Meereshöhe kommen davon bei klaren Wetter etwa $1000 \, \mathrm{W/m}^2 = 1 \, \mathrm{kW/m}^2$ an. Geht man davon aus, dass eine Solarzelle mit einem Wirkungsgrad von 20 % elektrische Energie erzeugen kann, können pro Quadratmeter bei optimalen Bedingungen somit 200 W Leistung erzielt werden.

1.5 Räumliche Wellen

Durch die Wellenfunktion (1.29), also eine Welle der Form

$$E(t, \boldsymbol{x}) = E_0 \sin\left(\omega t - \boldsymbol{k} \cdot \boldsymbol{x} + \varphi_0\right), \tag{1.43}$$

wird nicht nur eine eindimensionale Welle längs der „$\boldsymbol{k}$-Achse" beschrieben, sondern vielmehr eine räumliche *ebene Welle,* die sich in Richtung von $\boldsymbol{k}$ ausbreitet. Bei ihren *Phasenflächen,* also den Flächen gleicher Phase, handelt es sich um parallele *Ebenen* senkrecht zu $\boldsymbol{k}$, und ihre Ausbreitungsrichtung kann durch *Strahlen* parallel zu $\boldsymbol{k}$ gekennzeichnet werden. Siehe Abb. 1.3. Da eine ebene Welle der Form (1.43) eine feste Amplitude besitzt, bleibt ihre *Intensität konstant.*

Bemerkung Bei realen ebenen Wellen in einem Medium – z. B. Luft – bleibt die Amplitude bzw. die Intensität nicht konstant, sondern sie verringert sich beim Durchlaufen des Mediums durch Streuung und Absorption von Photonen an den Partikeln des Mediums.

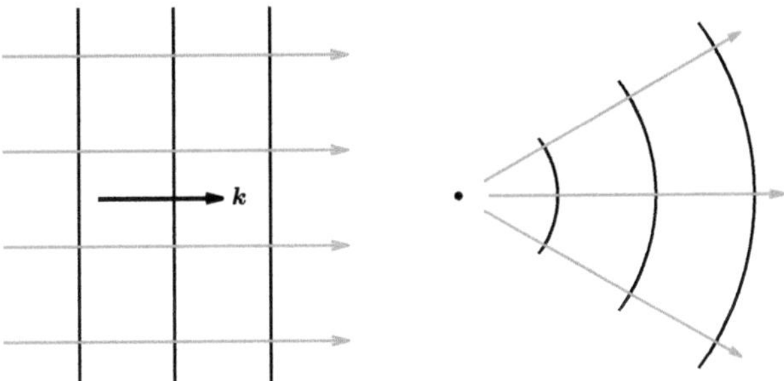

Abb. 1.3 Eine ebene Welle breitet sich mit ebenen, parallelen Phasenflächen aus. Die Strahlen, die die Ausbreitungsrichtung angeben, verlaufen daher ebenso parallel zueinander. Eine Kugelwelle breitet sich gleichmäßig in sämtliche Raumrichtungen aus. Ihre Phasenflächen sind konzentrischen Kugeloberflächen und die Strahlen zeigen radial nach außen

Im Unterschied zu einer ebenen Welle breitet sich eine *Kugelwelle* gleichmäßig in alle Raumrichtungen aus und ihre Wellenfunktion hängt vom Abstand r von der Punktlichtquelle ab. Die Phasenflächen werden durch konzentrischen Kugeloberflächen gegeben und die Strahlen zeigen radial nach außen, siehe Abb. 1.3. Die von der Lichtquelle ausgehende Energie strömt durch immer größer werdende Kugeloberflächen $F = 4\pi r^2$. Da diese Flächen proportional zu r^2 anwachsen, muss die Intensität und damit die Amplitude der Welle entsprechend abnehmen und eine Kugelwelle mit Lichtquelle im Ursprung wird beschrieben durch[12]

$$E(t, \boldsymbol{x}) = E(t, r) = \frac{E_0}{r} \sin(\omega t - kr), \quad r = |\boldsymbol{x}|. \qquad (1.44)$$

Kugelwellen treten bei (annähernd) punktförmigen Lichtquellen auf, die ohne weitere Bündelung der Lichtstrahlen in den Raum (oder einen Teilraum) abstrahlen.

Beispiel Das Licht der Sonne breitet sich als Kugelwelle in den sie umgebenden Weltraum aus. Verdoppelt man den Abstand zur Sonne, sinkt die Intensität des Sonnenlichts auf ein Viertel ab.

Die Erde befindet sich in einem Abstand von $149{,}6 \cdot 10^9$ m zur Sonne. Mit der Solarkonstante (1.42) ergibt sich daher für die gesamte Strahlungsleistung der Sonne der Wert

$$P_\mathrm{S} = F\, I_0 = 4\pi \cdot (149{,}6 \cdot 10^9\,\mathrm{m})^2 \cdot 1361\,\frac{\mathrm{W}}{\mathrm{m}^2} = 3{,}83 \cdot 10^{26}\,\mathrm{W}. \qquad (1.45)$$

Der Mars besitzt den Abstand $227{,}9 \cdot 10^9$ m von der Sonne und damit die „Solarkonstante"

$$I_0^\mathrm{M} = \left(\frac{149{,}6}{227{,}9}\right)^2 I_0 = 43\,\%\, I_0 = 586\,\frac{\mathrm{W}}{\mathrm{m}^2}. \qquad (1.46)$$

Bemerkung Aufgrund seiner großen Entfernung ist ein Stern eine punktförmige Lichtquelle, deren Licht das Sonnensystem und die Erde als praktisch perfekte ebene Welle erreicht.

1.5.1 Huygens-Prinzip

Wellen breiten sich nach dem *Huygens-Prinzip*[13] aus:

---

[12] Der Nachweis, dass die Kugelwelle (1.44) die Wellengleichung (1.7) löst, ist ohne Weiteres möglich, wenn der Differenzialoperator ∇^2 in Kugelkoordinaten verwendet wird.
[13] Benannt nach dem niederländischen Astronom, Physiker und Mathematiker Christiaan Huygens, 1629–1695, der als Begründer der Wellentheorie des Lichts gilt.

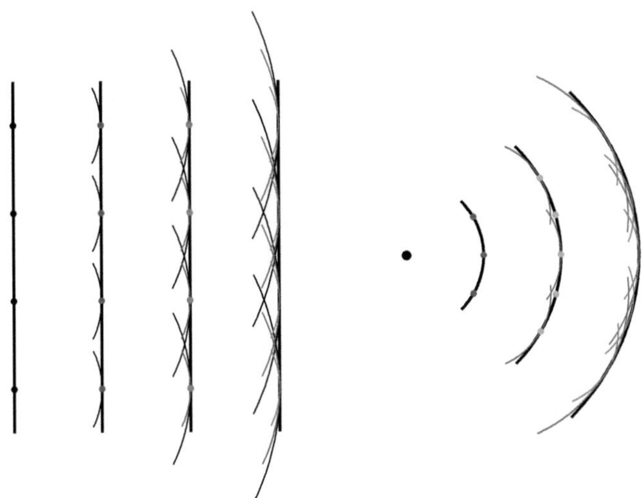

Abb. 1.4 Ausbreitung einer ebenen Welle und einer Kugelwelle nach dem Huygens-Prinzip. Jeder Punkt eines Wellenbergs sendet eine Elementarwelle aus. Die neue Lage des Wellenbergs ergibt sich als Einhüllende sämtlicher Elementarwellen

Jeder Punkt einer Wellenfront ist Ausgangspunkt einer neuen Elementarwelle. Die neue Wellenfront ergibt sich als Einhüllende sämtlicher Elementarwellen.

Unter Wellenfront ist eine Phasenfläche zu verstehen, etwa ein Wellenberg. Jeder Punkt dieses Wellenbergs sendet eine Elementarwelle, d. h. eine Kugelwelle aus, die sich mit ihrer Phasengeschwindigkeit ausbreitet. Die neue Lage des Wellenbergs nach einer bestimmten Zeit Δt ergibt sich dann als Einhüllende sämtlicher Elementarwellen, die sich während Δt ausgebreitet haben. Siehe Abb. 1.4.

Zur Konstruktion einer neuen Phasenfläche reicht es i. Allg. aus, nur den Anteil der Elementarwellen in „vorwärtiger" Richtung, d. h. in Ausbreitungsrichtung der Gesamtwelle zu verwenden. Zwar läuft eine Elementarwelle als Kugelwelle in alle Raumrichtungen, also auch in seitlicher oder rückwärtiger Richtung. Verwendet man aber tatsächlich sämtliche Elementarwellen, also auch die von vorhergehenden Wellenfronten ausgesendeten, zeigt sich, dass sie sich in anderen Richtungen als der Ausbreitungsrichtung gegenseitig auslöschen, indem Wellenberge auf Wellentäler treffen.

Die Ausbreitungsrichtung einer Wellenfront wird durch die Strahlen angegeben. *Strahlen stehen immer senkrecht auf den Wellenfronten.*

Bemerkung Trifft ein paralleles oder ein von einer punktförmigen Lichtquelle ausgehendes Lichtbündel auf ein Hindernis, das es nicht durchdringen kann, entsteht hinter dem Hindernis ein Schatten. Wenn man von Beugungseffekten absieht – siehe Kap. 5 –, wird die Begrenzung des Schattens durch die Randstrahlen gegeben. Etwas komplizierter ist die Situation, wenn das Licht von einer ausgedehnten Lichtquelle ausgeht: Hier kann es unterschiedliche Schattengebiete geben, den *Kernschatten,* in den gar kein Licht von der Lichtquelle fällt, und den *Halbschatten,* in dem nur Teile der Lichtquelle vom Hindernis abgedeckt werden. Diese Eigenschaft ist etwa bei einer totalen Sonnenfinsternis zu beobachten, bei der es in der Regel ein Kernschattengebiet gibt,[14] in dem die Sonne vollständig vom Mond abgedeckt wird, und ein Halbschattengebiet, in dem die Sonne nur teilweise vom Mond verdeckt wird.

1.5.2 Fermat-Prinzip

Neben dem Huygens-Prinzip gehorcht die Lichtausbreitung dem *Fermat-Prinzip*[15]:

Licht breitet sich zwischen zwei Raumpunkten auf dem Weg aus, auf dem die benötigte Zeit stationär ist.

„Stationär" ist im Sinn eines stationären Punkts zu verstehen, d. h., dass sich die Laufzeit bei kleinen Variationen des Lichtwegs nicht ändert. Dies ist i. Allg. gleichbedeutend mit einer extremalen Laufzeit.[16]

Das Fermat-Prinzip kann ebenso über die *optische Weglänge L* formuliert werden, die definiert ist als Produkt aus geometrischer Weglänge s und Brechzahl n,

$$L = ns \quad \text{bzw.} \quad L = \sum_i n_i \, \Delta s_i = \int_{\text{Lichtweg}} n(s) \, \mathrm{d}s, \tag{1.47}$$

wenn das Medium nicht homogen ist. *Gleiche optische Weglängen L bedeuten, dass das Licht zum Durchlaufen der Lichtwege dieselbe Zeit $t = L/c_0$ benötigt,* und das Fermat-Prinzip besagt somit, dass sich *Licht zwischen zwei Raumpunkten auf dem Weg ausbreitet, dessen optische Weglänge stationär ist.*

Aus dem Fermat-Prinzip folgt, dass *Lichtwege umkehrbar sind:* Breitet sich Licht längs eines bestimmten Lichtwegs von einem Punkt A zu einem Punkt B aus, kann es umgekehrt auf demselben Weg von B zu A gelangen.

In homogenen Medien verlaufen Lichtstrahlen geradlinig. Bei einem inhomogenen Medium – also einem Medium mit variabler Brechzahl – oder bei Übergängen

---

[14] Der Abstand von Erde und Mond variiert etwas. Bei maximalem Abstand des Monds von der Erde entsteht nur eine ringförmige Sonnenfinsternis, die trotz zentraler Positionierung des Monds vor der Sonne auf der Erdoberfläche kein Kernschattengebiet besitzt.

[15] Benannt nach dem französischen Mathematiker Pierre de Fermat, 1607–1665.

[16] Siehe auch Abb. 2.2.

zwischen unterschiedlichen Medien ist das nicht mehr der Fall. Beispielsweise hängt die Brechzahl der Luft von Druck und Temperatur ab. Daher kann ein Lichtstrahl in inhomogener Luft (leicht) gekrümmt sein, wenn er auf dem Weg zwischen zwei Punkten in Luftschichten mit kleinerer Brechzahl „ausweichen kann": Zwar verlängert sich der geometrische Weg im Vergleich mit der geradlinigen Verbindung, aber die optische Weglänge und damit die Laufzeit kann sich trotzdem verkleinern und ein Minimum annehmen.

1.6 Dispersion und Gruppengeschwindigkeit

Im Vakuum breiten sich eine elektromagnetische Welle ungestört und mit der Geschwindigkeit c_0 aus. Trifft die Welle auf ein transparentes Medium, kommt es auf atomarer Ebene zu Wechselwirkungen und die Welle wird verlangsamt. Die Wechselwirkungen hängen von der Frequenz der Welle ab und nehmen i. Allg. mit größerer Frequenz zu. Die Brechzahl eines Mediums hängt daher von der Frequenz bzw. der Vakuumwellenlänge λ_0 ab,

$$n = n(\lambda_0) = \frac{c_0}{c(\lambda_0)}. \tag{1.48}$$

Dieses Phänomen bezeichnet man als *Dispersion*. Wenn dabei die Brechzahl wie oben beschrieben mit wachsendem λ_0 abnimmt,

$$\frac{\mathrm{d}n}{\mathrm{d}\lambda_0} < 0, \tag{1.49}$$

spricht man von *normaler Dispersion*: „Normale" durchsichtige Medien weisen im Bereich des sichtbaren Lichts normale Dispersion auf. Beispielsweise variiert die Brechzahl von Quarzglas zwischen 1,470 für blaues Licht ($\lambda_0 = 400\,\mathrm{nm}$) und 1,453 für rotes Licht ($\lambda_0 = 800\,\mathrm{nm}$). Der genaue Verlauf kann durch *Dispersionskurve* wiedergegeben werden, für die i. Allg. n über λ_0 aufgetragen wird.

1.6.1 Phasen- und Gruppengeschwindigkeit

Bei Wellen der Form (1.27) handelt es sich um unendlich ausgehnte, monochromatische Wellen, die sich mit ihrer Phasengeschwindigkeit ausbreiten. Tatsächliche Lichtwellen setzen sich aber aus Teilwellen unterschiedlicher Wellenlängen zusammen. Mit einer solchen Überlagerung können insbesondere auch *endliche* Wellenzüge gebildet werden und man spricht dann von *Wellenpaketen* oder *Wellengruppen*. Diese Wellengruppen breiten sich mit ihrer *Gruppengeschwindigkeit* aus, die *in dispersiven Medien von der Phasengeschwindigkeit verschieden ist*.

Eine Wellengruppe entsteht aus der Fourier-Überlagerung vieler harmonischer Teilwellen, deren Frequenzen sich nur wenig unterscheiden. Sehen wir uns den ein-

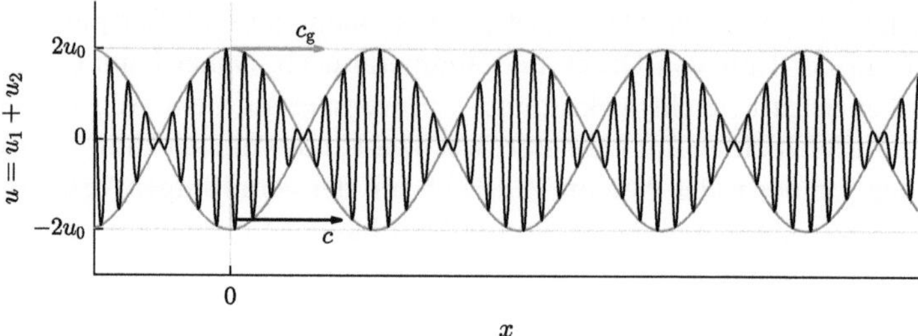

Abb. 1.5 Bei der Überlagerung zweier harmonischer Wellen mit dicht beieinander liegenden Frequenzen entsteht eine Schwebung. Die äußere Hüllkurve bildet Wellengruppen, die sich mit der Gruppengeschwindigkeit fortbewegen. Die Schwingungszustände im Inneren der Wellengruppen besitzen eine deutlich größere Frequenz als die Gruppenhüllkurve und bewegen sich innerhalb der Hüllkurve mit der Phasengeschwindigkeit fort

fachen Fall zweier harmonischer Wellen

$$u_1(t,x) = u_0 \, \sin(\omega_1 t - k_1 x) \qquad \text{und} \qquad u_2(t,x) = u_0 \, \sin(\omega_2 t - k_2 x) \qquad (1.50)$$

mit dicht beeinander liegender Frequenzen an, die sich zur Gesamtwelle

$$u(t,x) = u_1(t,x) + u_2(t,x) \qquad (1.51)$$

überlagern: Die Summe kann mit den Differenzen $\Delta\omega = \omega_1 - \omega_2$ und $\Delta k = k_1 - k_2$ und den Mittelwerten $\omega = (\omega_1 + \omega_2)/2$ und $k = (k_1 + k_2)/2$ geschrieben werden als[17]

$$u(t,x) = 2u_0 \cos\left(\frac{\Delta\omega}{2} t - \frac{\Delta k}{2} x \right) \sin(\omega t - kx). \qquad (1.52)$$

Der Cosinusterm weist wegen der eng beieinander liegenden Frequenzen ω_1 und ω_2 eine viel geringere Frequenz als der Sinusterm auf. Er ergibt daher so etwas wie eine Hüllkurve, in der sich die Sinusschwingung abspielt, und man spricht bei einem solchen Schwingungsbild von einer *Schwebung*, siehe Abb. 1.5.

Betrachten wir die Schwingungsphase $\omega t - kx = 0$ „im Inneren" der Gesamtwelle, haben wir $x/t = \omega/k$, d. h., für ihre Geschwindigkeit gilt wie für alle anderen Schwingungsphasen

$$c = \frac{x}{t} = \frac{\omega}{k}. \qquad (1.53)$$

Dies ist die *Phasengeschwindigkeit* der Welle.

Sehen wir uns nun die Hüllkurve an: Für sie folgt aus $\frac{\Delta\omega}{2} t - \frac{\Delta k}{2} x = 0$ die Geschwindigkeit

$$c_{\mathrm{g}} = \frac{x}{t} = \frac{\Delta\omega}{\Delta k} \approx \frac{\mathrm{d}\omega}{\mathrm{d}k}, \qquad (1.54)$$

---

[17] Man verwendet die trigonometrische Beziehung $\sin\alpha + \sin\beta = 2\cos\frac{\alpha-\beta}{2}\sin\frac{\alpha+\beta}{2}$.

die man als *Gruppengeschwindigkeit* bezeichnet.

Machen wir uns die Verhältnisse noch einmal klar: Die Schwebungsmaxima liegen dort, wo die Schwingungsphasen der Teilwellen u_1 und u_2 übereinstimmen. Wenn u_1 und u_2 dieselbe Geschwindigkeit besitzen, bewegen sich auch die Schwebungsmaxima mit dieser Geschwindigkeit fort und es gibt keinen Unterschied zwischen Gruppen- und Phasengeschwindigkeit. Liegt allerdings Dispersion vor und unterscheiden sich die Geschwindigkeiten der Teilwellen, verschiebt sich die Stelle ihrer Phasengleichheit: Die Gruppengeschwindigkeit der Schwebungsmaxima weicht dann von der Phasengeschwindigkeit ab.

Bemerkung Die Überlagerung endlich vieler harmonischer Teilwellen führt wieder zu einem Schwingungsbild, das wie die Teilwellen ins Unendliche ausgedehnt ist. Überlagert man allerdings nicht nur einzelne, diskrete Teilwellen, sondern einen kontinuierlichen Frequenzbereich (und damit unendlich viele Teilwellen), entsteht in Summe ein räumlich endliches Schwingungsbild, d. h., eine Wellengruppe endlicher Länge. Siehe auch Abschn. 5.1.1.

1.6.2 Berechnung der Gruppengeschwindigkeit

Die funktionale Abhängigkeit $\omega = \omega(k)$ wird als *Dispersionsrelation* bezeichnet. Ist diese Relation aus theoretischen Überlegungen oder numerisch bekannt, kann die Gruppengeschwindigkeit

$$c_{\mathrm{g}} = \frac{\mathrm{d}\omega}{\mathrm{d}k} \tag{1.55}$$

unmittelbar berechnet werden, ggf. näherungsweise für zwei benachbarte Wertepaare durch $\Delta\omega/\Delta k$. Aufgrund von $\omega = kc$ lässt sich Gl. (1.55) mit der Produktregel der Differenziation aber auch schreiben als

$$c_{\mathrm{g}} = \frac{\mathrm{d}\omega}{\mathrm{d}k} = \frac{\mathrm{d}(kc)}{\mathrm{d}k} = c + k\frac{\mathrm{d}c}{\mathrm{d}k} \tag{1.56}$$

und anstelle von k kann dieser Zusammenhang mit der Wellenlänge λ formuliert werden: Aus $\lambda = 2\pi/k$ ergibt sich

$$\frac{\mathrm{d}\lambda}{\mathrm{d}k} = -\frac{2\pi}{k^2} = -\frac{\lambda}{k}, \tag{1.57}$$

also $\mathrm{d}k/k = -\mathrm{d}\lambda/\lambda$ und damit

$$c_{\mathrm{g}} = c - \lambda\frac{\mathrm{d}c}{\mathrm{d}\lambda}. \tag{1.58}$$

Bei normaler Dispersion, also für $\mathrm{d}n/\mathrm{d}\lambda < 0$ *und damit* $\mathrm{d}c/\mathrm{d}\lambda > 0$, *ist die Gruppengeschwindigkeit kleiner als die Phasengeschwindigkeit.*

Werden nun konkret zwei Wellen mit den eng benachbarten Wellenlängen λ_1, λ_2 und den Phasengeschwindigkeiten c_1, c_2 überlagert, kann ihre Gruppengeschwindigkeit als

$$c_{\mathrm{g}} = \overline{c} - \overline{\lambda}\frac{\Delta c}{\Delta \lambda} \qquad (1.59)$$

berechnet werden, wobei $\overline{c}$ und $\overline{\lambda}$ die Mittelwerte von Phasengeschwindigkeit bzw. Wellenlänge und Δc und $\Delta \lambda$ ihre Differenzen sind.

Beispiel Zwei Funkwellen mit den Frequenzen $f_1 = 1\,\mathrm{GHz}$ und $f_2 = 1,1\,\mathrm{GHz}$ überlagern sich in der Erdatmosphäre. Ihre Brechzahlen betragen $n_1 = 1,00027$ und $n_2 = 1,00031$. Wir berechnen die Gruppengeschwindigkeit der Gesamtwelle: Die Phasengeschwindigkeiten der beiden Teilwellen sind

$$c_1 = \frac{c_0}{n_1} = 299\,711\,535,9\,\mathrm{m/s}, \quad c_2 = \frac{c_0}{n_2} = 299\,699\,551,1\,\mathrm{m/s}. \qquad (1.60)$$

Damit haben wir

$$\overline{c} = \frac{c_1 + c_2}{2} = 299\,705\,543,5\,\mathrm{m/s}, \quad \Delta c = c_1 - c_2 = 11\,984,8\,\mathrm{m/s}. \qquad (1.61)$$

Aus $c = \lambda f$ erhalten wir die Wellenlängen

$$\lambda_1 = \frac{c_1}{f_1} = 0,299712\,\mathrm{m}, \quad \lambda_2 = \frac{c_2}{f_2} = 0,272454\,\mathrm{m} \qquad (1.62)$$

und

$$\overline{\lambda} = \frac{\lambda_1 + \lambda_2}{2} = 0,286083\,\mathrm{m}, \quad \Delta\lambda = \lambda_1 - \lambda_2 = 0,027258\,\mathrm{m}. \qquad (1.63)$$

Gl. (1.59) ergibt nun die Gruppengeschwindigkeit

$$c_{\mathrm{g}} = \overline{c} - \overline{\lambda}\frac{\Delta c}{\Delta \lambda} = 299\,579\,758,5\,\mathrm{m/s}, \qquad (1.64)$$

entsprechend der Gruppenbrechzahl $n_{\mathrm{g}} = c_0/c_{\mathrm{g}} = 1,00071$.

Im Vakuum des Weltraums gilt $c_1 = c_2 = c_0$. Dort liegt keine Dispersion vor und Gruppengeschwindigkeit und Phasengeschwindigkeit sind gleich, es ist also auch $c_{\mathrm{g}} = c_0$.

Das Wichtigste in Kürze

- Nach den **Maxwell-Gleichungen** erzeugen sich zeitlich veränderliche elektrische und magnetische Felder wechselseitig. Auf diese Weise entstehen **elektromagnetische Wellen.**
- Elektromagnetische Wellen sind **Transversalwellen.** Sie breiten sich im Vakuum mit der **Vakuumlichtgeschwindigkeit** aus. In einem Medium ist die Ausbreitungsgeschwindigkeit geringer, gleichbedeutend mit einer **Brechzahl** größer als Eins.
- Der Lichtstrom besteht aus **Photonen.**
- Eine Lichtwelle ist ein zeitlich und räumlich periodischer Vorgang. Sie wird beschrieben durch ihre **Frequenz** und ihre **Wellenlänge** bzw. durch **Kreisfrequenz** und **Wellenzahl.**
- Der **Doppler-Effekt** führt bei Relativbewegungen zwischen Sender und Empfänger zu einer Änderung von Wellenlänge und Frequenz.
- Die **Intensität** einer elektromagnetischen Welle ist proportional zum Quadrat ihrer Amplitude. Bei einer **ebenen Welle** bleibt die Intensität konstant, bei einer **Kugelwelle** fällt sie mit dem Quadrat des Abstands von der Lichtquelle ab.
- Für Lichtwellen gilt das **Huygens-Prinzip.** In homogenen Medien breitet sich Licht **geradlinig** aus.
- Nach dem **Fermat-Prinzip** folgt Licht einem zeitlich stationären Weg. In homogenen Medien breitet sich Licht **geradlinig** aus.
- **Dispersion** bedeutet, dass die Lichtgeschwindigkeit in einem Medium von der Wellenlänge des Lichts abhängt. Bei normaler Dispersion nimmt die Brechzahl mit zunehmender Wellenlänge ab.
- Wellengruppen breiten sich mit der **Gruppengeschwindigkeit** aus, die bei normaler Dispersion kleiner ist als die Phasengeschwindigkeit.

Reflexion und Brechung 2

In einem homogenen Medium breitet sich eine ebene Welle geradlinig in vorwärtiger Richtung aus. Treffen ihre Wellenfronten auf ein zweites Medium mit anderer Brechzahl, wird die Welle (teilweise) an der Grenzfläche reflektiert und tritt i. Allg. außerdem unter Änderung ihrer Ausbreitungsrichtung in das neue Medium ein, d. h., die Welle wird „gebrochen". Unter bestimmten Umständen kann sie jedoch auch vollständig reflektiert werden.

Express Die Reflexion von Licht erfolgt mit „Einfallswinkel gleich Ausfallswinkel" und für die Brechung gilt $\frac{\sin \alpha_1}{\sin \alpha_2} = \frac{n_2}{n_1}$. Brechung tritt immer zusammen mit Reflexion auf. Beim Übergang in ein optisch dünneres Medium wird Licht ab dem Einfallswinkel $\alpha_1^* = \arcsin \frac{n_2}{n_1}$ total reflektiert. Mit einem 90°-Winkelspiegel kann ein beliebig eintreffender Lichtstrahl unter mehrfacher Spiegelung in seine Richtung zurückreflektiert werden.

2.1 Licht an der Grenzfläche zweier Medien

Eine ebene Welle, die sich in einem Medium 1 mit der Brechzahl n_1 ausbreitet, treffe unter den *Einfallswinkel α_1*, der *zum Einfallslot gemessen* wird, auf die Grenzfläche zu einem Medium 2 mit der Brechzahl n_2, siehe Abb. 2.1. Wir betrachten die weitere Wellenausbreitung nach dem Huygens-Prinzip: Trifft eine Wellenfront auf die Grenzfläche, breiten sich Elementarwellen in rückwärtiger Richtung mit $c_1 = c_0/n_1$ und in vorwärtiger Richtung und damit in Medium 2 mit $c_2 = c_0/n_2$ aus.

© Der/die Autor(en), exklusiv lizenziert an Springer-Verlag GmbH, DE, ein Teil von Springer Nature 2026
J. Balla, *Optik*, https://doi.org/10.1007/978-3-662-72644-0_2

2.1.1 Reflexion

Sehen wir uns die Elementarwellen in Medium 1 an: In Punkt A startet eine Elementarwelle mit der Geschwindigkeit c_1, siehe Abb. 2.1. Nach einer Zeit Δt und Zurücklegen des Wegs $c_1 \Delta t$ trifft die einlaufende Wellenfront auch in Punkt B auf die Grenzfläche, während die Elementarwelle aus Punkt A mittlerweile den Radius $c_1 \Delta t$ besitzt. Die reflektierte Wellenfront ergibt sich aus derjenigen Tangente an diese Elementarwelle, die durch Punkt B läuft, da hier gerade die zeitlich zugehörige Elementarwelle startet: Das Licht wird mit *Einfallswinkel gleich Ausfallswinkel* an der Grenzfläche der Medien *reflektiert. Einlaufender und auslaufender Strahl liegen dabei mit dem Einfallslot in einer Ebene.*

2.1.2 Brechung

Betrachten wir nun die Elementarwellen in Medium 2: In Punkt A startet eine Elementarwelle mit der Geschwindigkeit c_2 in das Medium 2 und besitzt nach der Zeit Δt den Radius $c_2 \Delta t$. Die resultierende Wellenfront in Medium 2 ergibt sich aus der Tangente an diese Elementarwelle, die durch Punkt B läuft. Die Wellenfront in Medium 2 hat somit eine andere Ausbreitungsrichtung als die einlaufende Welle: Das Licht wird beim Übergang von Medium 1 in Medium 2 *gebrochen* und die auslaufende Welle besitzt den Ausfallswinkel α_2. Abb. 2.1 entnehmen wir

$$\sin \alpha_1 = \frac{c_1 \Delta t}{\overline{AB}} \qquad \text{und} \qquad \sin \alpha_2 = \frac{c_2 \Delta t}{\overline{AB}} \tag{2.1}$$

und erhalten durch Division das *Brechungsgesetz*

$$\frac{\sin \alpha_1}{\sin \alpha_2} = \frac{c_1}{c_2} = \frac{n_2}{n_1}. \tag{2.2}$$

Bezeichnet man das Medium mit größerer Brechzahl als „optisch dichter", wird *Licht im optisch dichteren Medium zum Einfallslot hin gebrochen.* Abb. 2.1 entspricht dem Fall $n_2 > n_1$, der beispielsweise auftritt, wenn Licht aus Luft kommend auf eine Wasser- oder Glasoberfläche trifft.

Der Quotient n_2/n_1, der im Brechungsgesetz auftritt, wird oft zu einer Brechzahl $n = n_2/n_1$ zusammengefasst, die den Übergang von Medium 1 nach Medium 2 beschreibt. Da Luft für sichtbares Licht eine Brechzahl von etwa $1{,}00028$, also dicht bei 1 besitzt, kann für den Übergang von Luft ein anderes Medium in guter Näherung $n_2/n_1 \approx n_2$ verwendet werden.

> **Bemerkung** Die Bezeichnung „Brechzahl" für $n = c_0/c$ hat ihren Ursprung im Phänomen der Lichtbrechung. Die „Brechung", also die Winkeländerung eines Lichtstrahls beim Eintritt in ein Medium, kann mit einfachen Mitteln gemessen und dem Medium damit eine „Brechzahl" zugeordnet werden, auch ohne dass der Zusammenhang mit der Lichtgeschwindigkeit bekannt ist.

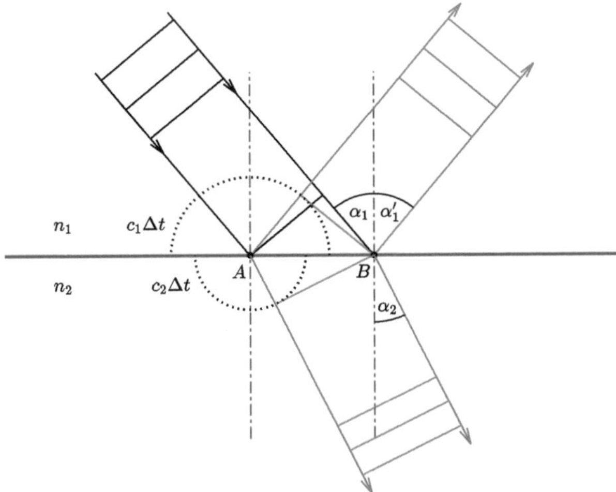

Abb. 2.1 Eine ebene Welle fällt unter dem Einfallswinkel α_1 auf die Grenzfläche zweier Medien mit den Brechzahlen n_1 bzw. n_2. Die unter dem Winkel $\alpha_1' = \alpha_1$ reflektierten Wellenfronten in Medium 1 und die gebrochenen Wellenfronten in Medium 2, die unter dem Ausfallswinkel α_2 auslaufen, ergeben sich aus dem Huygens-Prinzip

Beispiele (1) Trifft Licht aus Luft kommend unter einem Winkel von $\alpha_1 = 45°$ auf einen Glasblock mit der Brechzahl $n = 1{,}5$, tritt es unter dem Winkel

$$\alpha_2 = \arcsin\left(\frac{\sin\alpha_1}{n}\right) = 28{,}1° \tag{2.3}$$

in das Glas ein.

(2) Beim Durchgang eines Lichtstrahls durch eine *planparallele Platte* ist das Brechungsgesetz zweimal anzuwenden: Beim Eintritt findet die Brechung „in eine Richtung" statt und beim Austritt „umgekehrt gleich in die andere", sodass die Wirkung der Platte insgesamt in einem *Parallelversatz* Δ des Lichtstrahls besteht. Seine Größe hängt vom Einfallswinkel α des Strahls und von Brechzahl n und Dicke d der Platte ab, wie man sich geometrisch leicht klar macht, und für $n > 1$ gilt $0 \le \Delta < d$.

Bemerkung Wir haben soeben das Reflexions- und das Brechungsgesetz mit dem Huygens-Prinzip abgeleitet. Sie lassen sich ebenso aus dem Fermat-Prinzip erhalten: Soll ein Lichtstrahl von einem Punkt unter einmaliger Spiegelung an einer ebenen Fläche zu einem zweiten Punkt im selben Medium gelangen, ist der Weg mit Einfallswinkel gleich Ausfallswinkel der geometrisch und zeitlich kürzeste Weg. Soll er zu einem zweiten Punkt im anderen Medium gelangen, ist die optische Weglänge $n_1 s_1 + n_2 s_2$ mit den geometrischen Wegen s_1 und s_2 im ersten bzw. zweiten Medium für den Lichtweg, der dem Brechungsgesetz folgt, minimal.

Um zu sehen, dass die stationäre optische Weglänge des Fermat-Prinzips nicht immer die minimale Weglänge ist, betrachten wir eine an der Innenseite verspiegelte Ellipse. Sämtliche Punkte einer Ellipse besitzen zu deren zwei Brennpunkten dieselbe Abstandssumme. Soll Licht unter einmaliger Reflexion an der Ellipse von einem Brennpunkt zum anderen gelangen, sind daher die Lichtwege über jeden beliebigen Ellipsenpunkt gleich lang und physikalisch möglich. Für die einmalige Reflexion an einer Tangente in einem Ellipsenpunkt ist der Weg über den Ellipsenpunkt der kürzeste. Für die einmalige Reflexion an einer Fläche, die im Ellipsenpunkt tangential anliegt, aber stärker als die Ellipse nach innen gekrümmt ist, ist der physikalische Weg über den Ellipsenpunkt hingegen der längste. Siehe Abb. 2.2.

Brechung tritt immer zusammen mit Reflexion auf Trifft also Licht beispielsweise auf eine Glasfläche, tritt ein Teil des Lichts unter Brechung in das Glas ein, während ein anderer Teil reflektiert wird. Eine genaue Analyse ergibt, dass bei *senkrechtem* Lichteinfall auf eine Grenzfläche der Anteil

$$R = \left(\frac{n_1 - n_2}{n_1 + n_2} \right)^2 \tag{2.4}$$

des Lichts reflektiert wird.[1] Für den Übergang zwischen Luft und Glas mit der Brechzahl 1,5 werden somit $R = 4\,\%$ der Intensität reflektiert – sowohl beim Eintritt von Licht in Glas als auch beim Austritt. *Fällt das Licht flacher ein, wird der Anteil des reflektierten Lichts größer.* Siehe auch Abschn. 6.2.

Beispiel Wir sehen uns die Wirkung der Reflexionen für den einfachen Fall eines Uhrglases bei senkrechtem Lichteinfall mit dem Reflexionskoeffizienten R an: Licht, das auf eine Uhr fällt, wird beim Eintritt in das Glas und beim Austritt teilweise reflektiert, sodass $(1 - R)^2$ des einfallenden Lichts das Zifferblatt erreicht. Das Licht, das vom Zifferblatt nach außen gelangt, wird erneut mit dem Faktor $(1 - R)^2$ geschwächt, sodass das Zifferblatt insgesamt nur $(1 - R)^4$ so hell erscheint wie ohne Deckglas. Für $R = 4\,\%$ ist $(1 - R)^4 = 85\,\%$ und für Saphirglas mit $n = 1,76$ haben wir $R = 7,6\,\%$ und $(1 - R)^4 = 73\,\%$. Das reflektierte Licht – dessen Anteil bei schrägem Lichteinfall noch deutlich größer ist – führt zu Spiegelungen auf dem Uhrglas und zu Streulicht.

---

[1] Die quantitativen Zusammenhänge für Reflexion und Transmission an einer ebenen Grenzfläche werden durch die Fresnel-Formeln beschrieben, benannt nach dem französischen Physiker Augustin Jean Fresnel, 1788–1827.

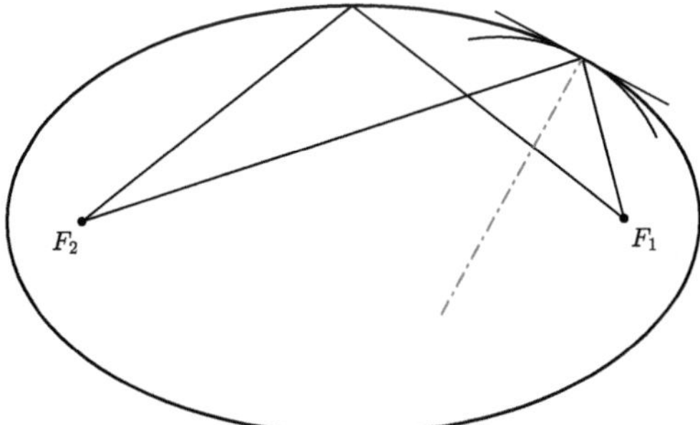

Abb. 2.2 Wird Licht an der verspiegelten Innenseite einer Ellipse von einem Brennpunkt zum anderen reflektiert, kann der Lichtstrahl über jeden beliebigen Ellipsenpunkt laufen: Sämtliche optischen Weglängen sind gleich. Soll Licht einmalig an einer Tangente an einem Ellipsenpunkt reflektiert werden, entspricht die Reflexion im Ellipsenpunkt der minimalen Weglänge. Wird es andererseits an einer stärker als die Ellipse nach innen gekrümmten Fläche reflektiert, ergibt sich der physikalische Lichtweg aus der maximalen Weglänge

Bemerkung Den unerwünschten Reflexionen, die insbesondere in optischen Geräten mit vielen Glas-Luft-Übergängen ein Problem darstellen, kann man mit Antireflexschichten begegnen, siehe Abschn. 5.1.2.

2.1.3 Totalreflexion

Beim Übergang von einem optisch dichteren in ein optisch dünneres Medium, etwa beim Austritt aus einem Glasblock in Luft, wird Licht vom Einfallslot weg gebrochen, d. h., der Ausfallswinkel α_2 ist größer als der Einfallswinkel α_1. Für einen bestimmten Einfallswinkel, den *Grenzwinkel* α_1^*, wird daher der Wert $\alpha_2 = 90°$ erreicht. Für größere Einfallswinkel kann kein Licht mehr in das optisch dünnere Medium eintreten und das Licht wird *total reflektiert,* siehe Abb. 2.3.

Der Grenzwinkel α_1^* der Totalreflexion ergibt sich aus Gl. (2.2) mit $\alpha_2 = 90°$:

$$\frac{\sin \alpha_1^*}{\sin 90°} = \sin \alpha^* = \frac{n_2}{n_1} < 1, \quad \text{d. h.} \quad \alpha_1^* = \arcsin \frac{n_2}{n_1}. \tag{2.5}$$

Für den Übergang aus einem Glasblock der Brechzahl $n_1 = 1{,}5$ in Luft ergibt sich beispielsweise der Grenzwinkel

$$\alpha_1^* = \arcsin \frac{1}{1{,}5} = 41{,}8°. \tag{2.6}$$

Lichtstrahlen, die mit einem größeren Einfallswinkel, also „flacher" auf die Grenzfläche einfallen, werden total reflektiert und bleiben vollständig im Glas. Ist ihr Einfallswinkel kleiner, findet in gewohnter Weise sowohl Brechung als auch Reflexion statt.

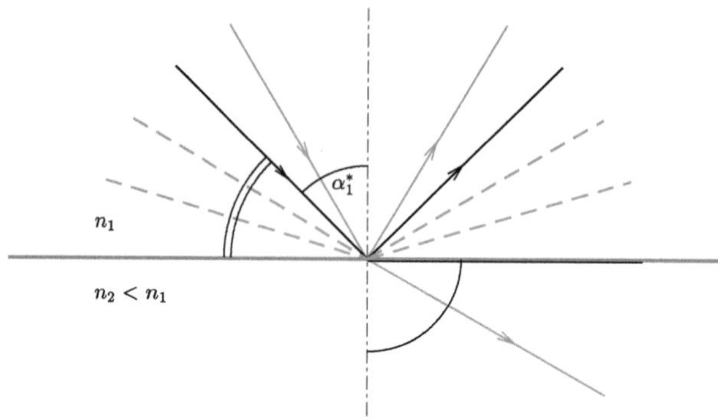

Abb. 2.3 Licht wird beim Übergang von einem optisch dichteren Medium (Brechzahl n_1) zu einem optisch dünneren Medium (Brechzahl $n_2 < n_1$) vom Einfallslot weg gebrochen. Ab dem Grenzwinkel α_1^* findet keine Brechung mehr statt und das Licht wird total reflektiert

Bemerkung Totalreflexion findet eine Vielzahl technischer Anwendungen. Mit ihr wird im Unterschied zu herkömmlichen Spiegeln das Licht zu 100 % und damit verlustfrei reflektiert. Statt also Spiegel zum Umlenken von Lichtstrahlen zu verwenden, kann es vorteilhaft sein, Glasprismen einzusetzen, bei denen das Licht an einer Grenzfläche im Inneren total reflektiert wird. Allerdings treten auch bei Prismen Verluste auf: Das Licht muss in den Glasblock ein- und wieder austreten – und wird dabei teilweise reflektiert – und ein Lichtweg in Glas ist generell mit höherem Lichtverlust verbunden als ein Lichtweg in Luft.

2.1.4　Gerichtete und diffuse Reflexion

An einer glatten reflektierenden Oberfläche, einer Grenzfläche zwischen zwei Medien oder einem „Spiegel", tritt *gerichtete Reflexion* nach dem Reflexionsgesetz auf. Das gilt auch für gekrümmte Oberflächen, etwa einen Hohlspiegel: Die Reflexion in einem bestimmten Punkt erfolgt nach dem Reflexionsgesetz an der Tangentialfläche in diesem Punkt. Die Oberfläche selbst ist bei gerichteter Reflexion nicht zu sehen: Es ist lediglich das virtuelle Spiegelbild sichtbar, der Spiegel selbst nicht.

Anders verhält es sich bei *diffuser Reflexion*. Sie tritt auf bei rauen Oberflächen, deren mikroskopische Struktur Unebenheiten aufweist, sodass eintreffende Lichtstrahlen in unvorhersehbare Richtungen reflektiert werden. Diese sichtbaren Oberflächen sind im Alltag allgegenwärtig. Oft liegen auch Mischungen beider Reflexionen vor: Beispielsweise spiegelt eine polierte Steinplatte, ist aber auch selbst deutlich sichtbar.

2.2   Umlenkspiegel

Trifft ein Lichtstrahl mit dem Einfallswinkel α auf einen Spiegel, schließt er mit dem reflektierten Strahl den Winkel 2α ein. Eine Ablenkung um 90° wird daher durch einen um 45° geneigten Spiegel im Strahlgang erreicht. Dies ist beispielsweise das Prinzip eines *Zenithspiegels* bzw. eines *Zenithprismas* bei astronomischen Teleskopen: Der Strahlgang wird um 90° „geknickt", um einen bequemen Einblick bei der Beobachtung zenithnaher Objekte zu erlauben.

Wir betrachten nun die Wirkung eines *Winkelspiegels,* der aus zwei Planspiegeln besteht, die den Winkel $\gamma \leq 90°$ miteinander einschließen. Ein einfallender Lichtstrahl wird an beiden Spiegeln einmal reflektiert und erfährt so eine Gesamtablenkung δ, siehe Abb. 2.4. In Dreieck A gilt

$$90° - \alpha_1 + 90° - \alpha_2 + \gamma = 180°, \quad \text{d. h.} \quad \alpha_1 + \alpha_2 = \gamma, \tag{2.7}$$

und in Dreieck B

$$2\alpha_1 + 2\alpha_2 + 180° - \delta = 180°, \quad \text{also} \quad \delta = 2(\alpha_1 + \alpha_2), \tag{2.8}$$

und damit haben wir

$$\delta = 2\gamma. \tag{2.9}$$

Bei einem 90°-Winkelspiegel wird ein Lichtstrahl, der in einer Ebene senkrecht zu den Spiegelflächen einfällt, somit um 180° abgelenkt und damit in seine einfallende Richtung zurückgeworfen. Soll dies dreidimensional unabhängig von der Lage des einfallenden Lichtstrahls erfolgen, ist ein *Tripelspiegel* erforderlich, bei dem seitlich eine weitere senkrechte Spiegelfläche hinzukommt. Eine solche Anordnung schickt jeden einfallenden Lichtstrahl nach drei Reflexionen in seine ursprüngliche Richtung zurück.

Beispiele (1) Ein „Zielprisma" wird in der Vermessung dazu verwendet, den Laserstrahl eines Messgeräts zum Gerät zurückzuschicken. Es handelt sich dabei

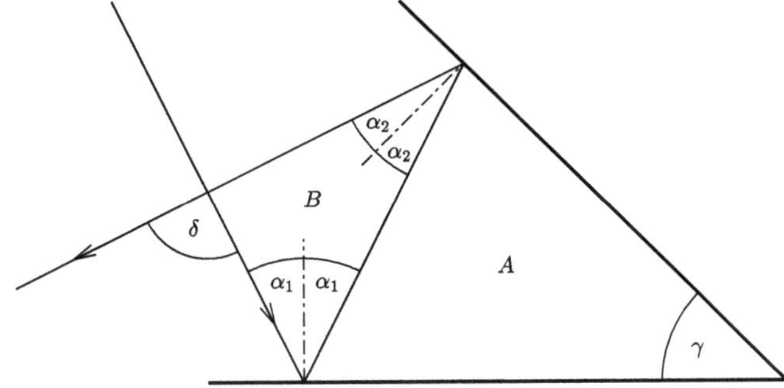

Abb. 2.4 Zwei Planspiegel schließen den Winkel γ ein. Ein Lichtstrahl, der auf den Winkelspiegel fällt und an beiden Spiegelflächen einmal reflektiert wird, wird um den Winkel δ abgelenkt

um einen 90°-Tripelspiegel, der als Prisma realisiert ist: Die drei Reflexionen finden als Totalreflexionen an den Innenflächen des Prismas statt.

(2) Flächige „Rückstrahler", beispielsweise an Fahrzeugen, bestehen aus vielen kleinen, nebeneinander angeordneten 90°-Tripelspiegeln. Sie werfen eintreffendes Licht in die Ursprungsrichtung zurück und sind daher unabhängig von ihrer Winkelausrichtung im Scheinwerferlicht eines anderen Fahrzeugs für dessen Fahrer sichtbar.

2.3   Dreieckprisma

Bei einem *Dreieckprisma* handelt es sich um einen Glas- oder Kunststoffkörper, bei dem zwei plane Seitenflächen einen Winkel γ miteinander einschließen. Ein Lichtstrahl, der unter dem Winkel α_1 auf die erste Seitenfläche trifft, wird dort gebrochen, durchläuft anschließend den Prismenkörper und wird beim Austritt aus der zweiten Seitenfläche erneut gebrochen. Dabei erfährt er die Gesamtablenkung δ, siehe Abb. 2.5. Beide Brechungen des Lichtsstrahls erfolgen nach dem Brechungsgesetz,

$$\frac{\sin \alpha_1}{\sin \beta_1} = n = \frac{\sin \alpha_2}{\sin \beta_2}. \tag{2.10}$$

In Dreieck ABC gilt $\gamma + (90° - \beta_1) + (90° - \beta_2) = 180°$, d. h.

$$\gamma = \beta_1 + \beta_2. \tag{2.11}$$

In Dreieck ABD haben wir $(\alpha_1 - \beta_1) + (\alpha_2 - \beta_2) + (180° - \delta) = 180°$ und damit den Ablenkungswinkel

$$\delta = \alpha_1 + \alpha_2 - (\beta_1 + \beta_2) = \alpha_1 + \alpha_2 - \gamma. \tag{2.12}$$

Der Winkel α_2 kann mithilfe des Brechungsgesetzes berechnet werden: Aus

$$\alpha_2 = \arcsin (n \sin \beta_2) = \arcsin (n \sin[\gamma - \beta_1]) \tag{2.13}$$

folgt schließlich

$$\delta(\alpha_1, \gamma, n) = \alpha_1 - \gamma + \arcsin \left(n \sin \left[\gamma - \arcsin \left(\frac{\sin \alpha_1}{n} \right) \right] \right). \tag{2.14}$$

Der Gesamtablenkungswinkel hängt somit in komplizierter Form vom Einfallswinkel α_1 ab, besitzt aber ein „einfaches" Minimum:

Die Gesamtablenkung δ eines Lichtstrahls durch ein Dreieckprisma wird für symmetrischen Strahlengang minimal. Es gilt dann $\alpha_1 = \alpha_2 = \alpha$ und $\delta = 2\alpha - \gamma$.

Diese Eigenschaft können wir uns wie folgt klar machen: Lichtwege sind umkehrbar, daher erfährt ein Strahl in Hinrichtung dieselbe Gesamtablenkung wie derselbe

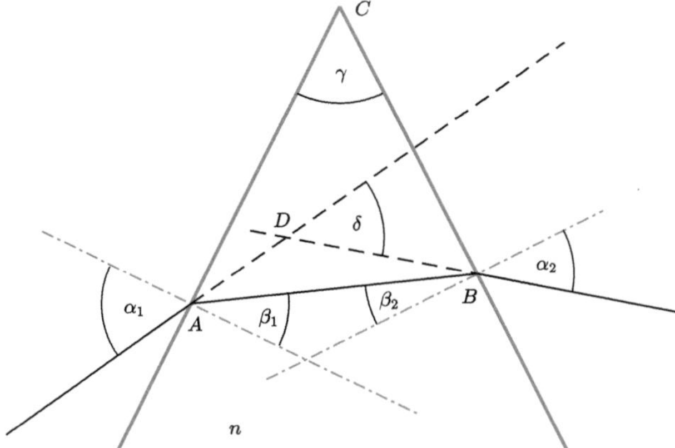

Abb. 2.5 Ein Lichtstrahl trifft unter dem Winkel α_1 auf ein Prisma mit der Brechzahl n. Er tritt unter Brechung in das Prisma ein und wird beim Austritt erneut gebrochen. Dabei erfährt er die Gesamtablenkung δ

Strahl in Rückrichtung. Läge die minimale Strahlablenkung für unterschiedliche Winkel α_1 und α_2 vor, gäbe es zwei unterschiedliche Einfallswinkel mit minimaler Gesamtablenkung.

Bemerkung Ein bekanntes Phänomen im Zusammenhang mit Dreieckprismen ist die Aufspaltung von weißem Sonnenlicht in seine Spektralfarben. Sie entsteht durch die Dispersion des Prismenmaterials: Da die Brechzahl bei normaler Dispersion mit zunehmender Wellenlänge abnimmt, wird kurzwelliges blaues Licht stärker gebrochen wird als langwelliges rotes. Blaues Licht erfährt damit eine größere Gesamtablenkung als rotes – mit dem kontinuierlichen Übergang der dazwischen liegenden Wellenlängen – und das Prisma fächert weißes Licht in seine Spektralfarben auf.

Das Wichtigste in Kürze

- Trifft Licht auf die Grenzfläche zweier Medien, tritt **Reflexion** und ggf. **Brechung** auf.
- Die Brechung gehorcht dem **Brechungsgesetz.** Licht wird **im optisch dichteren Medium zum Einfallslot hin** gebrochen.
- Beim Übergang in ein optisch dünneres Medium tritt ab einem Grenzwinkel **Totalreflexion** auf.
- Bei einem **Winkelspiegel** ist die Gesamtablenkung eines Lichtstrahls doppelt so groß wie der Winkel, den seine beiden Spiegel einschließen.
- Bei einem **Dreieckprisma** hängt die Gesamtablenkung eines Lichtstrahls von dessen Einfallswinkel ab. Sie wird minimal für **symmetrischen Strahlengang.**

Linsen 3

Eine optische Linse ist ein Körper aus transparentem Material mit zwei gekrümmten Oberflächen. Abhängig von der Form der Oberflächen kann eine Linse Licht „sammeln", also ein paralleles Lichtbündel in ein konvergentes überführen, oder „zerstreuen", also ein divergentes Lichtbündel erzeugen. Von besonderer Bedeutung sind sphärische Linsen, d. h. Linsen mit kugelförmigen Oberflächen. Sie weisen gutmütige optische Eigenschaften auf und sie sind leichter herzustellen als Linsen mit komplizierteren Oberflächenformen.

Die Beschreibung der optischen Eigenschaft dünner Linsen erfolgt – ebenso wie bei Hohlspiegeln – durch Angabe ihrer Brennweite bzw. ihres Brennpunkts. Dies kann mit zwei Hauptebenen auf Systeme aus mehreren Linsen und/oder dicke Linsen erweitert werden, wobei sich die entsprechenden Zusammenhänge unter Verwendung eines einfachen Matrizenkalküls auf übersichtliche Weise erhalten lassen.

Express Die Linsenmachergleichung lautet $D = \frac{1}{f} = (n-1)\left(\frac{1}{r_1} - \frac{1}{r_2}\right)$ und die Abbildungsgleichung $\frac{1}{g} + \frac{1}{b} = \frac{1}{f}$. Abhängig von g kann eine Sammellinse reelle oder virtuelle Bilder erzeugen. Der Bildwinkel einer Fotokamera hängt von der verwendeten Brennweite und der Sensorgröße ab. Optische Systeme können mit der Erweiterung auf zwei Hauptebenen in bekannter Weise durch Brennpunkte beschrieben werden. Sie lassen sich durch 2×2-Matrizen beschreiben, die den Verlauf beliebiger Strahlen in der Gauß-Näherung wiedergeben. Abbildungen durch Linsen und Linsensysteme weisen in der Regel Aberrationen auf, insbesondere chromatische und sphärische Aberration.

© Der/die Autor(en), exklusiv lizenziert an Springer-Verlag GmbH, DE, ein Teil von Springer Nature 2026

J. Balla, *Optik*, https://doi.org/10.1007/978-3-662-72644-0_3

3.1   Geometrische Optik und Gauß-Näherung

Die Wirkung einer Linse oder allgemein eines optischen Systems kann mithilfe der *geometrischen Optik* beschrieben werden, in der man das Licht in Form seiner Lichtstrahlen betrachtet. Bei einem idealen bildgebenden System laufen dabei sämtliche Lichtstrahlen, die von einem Gegenstandspunkt ausgehen, wieder in einem Bildpunkt zusammen. Zwar sind die Strahlverläufe durch ein optisches System i. Allg. komplizierter Natur, können aber näherungsweise auf solch einfache Verhältnisse reduziert werden. Dazu beschränkt man sich in der sogenannten *Gauß-Näherung* der geometrischen Optik auf *paraxiale Strahlen,* d. h. Strahlen, die *dicht* an der *optischen Achse* – also der zentralen Symmetrieachse des Systems – und *unter kleinen Winkeln* zur optischen Achse verlaufen.

3.2   Sphärische Linsen

Eine *sphärische* Linse besitzt zwei *kugelförmige* Oberflächen. Eine Linsenoberfläche kann *konvex* (nach außen gekrümmt) oder *konkav* (nach innen gekrümmt) sein. Eine Bikonvexlinse besitzt somit zwei nach außen gekrümmte Oberflächen und eine Bikonkavlinse zwei nach innen gekrümmte. Ebenso sind Konvex-Konkav-Linsen möglich oder auch eine plane Oberfläche, die einer Kugel mit unendlich großem Radius entspricht. Im Einzelnen wird eine sphärische Linse durch folgende Parameter festgelegt:

- Krümmungsradius r_1 der ersten Oberfläche
- Krümmungsradius r_2 der zweiten Oberfläche
- Dicke d der Linse, entsprechend dem Abstand der beiden Scheitelpunkte S_1 und S_2
- Brechzahl n des Linsenmaterials,

siehe Abb. 3.1. Für die Krümmungsradien wollen wir dabei die Konvention verwenden, dass *der Krümmungsradius positiv ist, falls der Mittelpunkt der brechenden Fläche in Strahlrichtung hinter der Fläche liegt, und andernfalls negativ.* Für eine Bikonvexlinse ist damit beispielsweise $r_1 > 0$ und $r_2 < 0$. Eine Planfläche entspricht dem Krümmungsradius ∞ und eine Plankonkavlinse hat somit $r_1 = \infty$, $r_2 > 0$.

Beim Durchgang durch eine Linse wird ein Lichtstrahl zweimal gebrochen, an jeder Grenzfläche einmal. *Der genaue Strahlverlauf ergibt sich durch zweifache Anwendung des Brechungsgesetzes.* Eine konvexe Fläche lenkt einen Strahl zur optischen Achse hin ab, wirkt also „sammelnd", und eine konkave Fläche wirkt „zerstreuend". Bei einer Bikonvexlinse handelt es sich somit um eine *Sammellinse,* die ein parallel einlaufendes Lichtbündel in ein konvergentes Lichtbündel überführt, und eine Bikonkavlinse ist eine *Zerstreuungslinse,* die ein divergentes Lichtbündel erzeugt. Als allgemeine Regel lässt sich festhalten: Sammellinsen sind in der Mitte dicker als am Rand und Zerstreuungslinsen sind in der Mitte dünner.

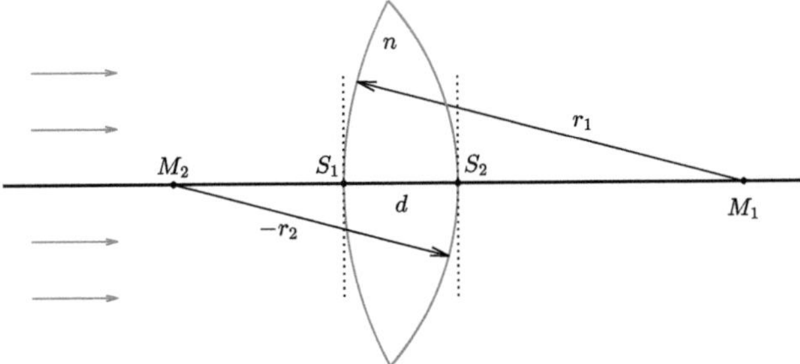

Abb. 3.1 Eine sphärische Linse besitzt zwei kugelförmig gekrümmte Oberflächen. Sie wird festgelegt durch ihre zwei Krümmungsradien r_1 und r_2, ihre Dicke d und die Brechzahl n des Linsenmaterials. Die Krümmungskugelmittelpunkte M_1 und M_2 liegen abhängig von der Art der Fläche – nach vorn gekrümmt oder nach hinten – in Strahlrichtung hinter oder vor der Fläche

Bemerkung Eine Konvex-Konkav-Linse besitzt eine konvexe und eine konkave Oberfläche. Ihre konvexe Fläche wirkt sammelnd und ihre konkave zerstreuend und für die Gesamtwirkung der Linse „setzt" sich die stärker gekrümmte Fläche „durch". Dies lässt sich an dem obigen Kriterium festmachen: Ist die konvexe Fläche stärker gekrümmt, ist die Linse in der Mitte dicker als am Rand, und ist die konkave stärker gekrümmt, ist sie in der Mitte dünner.

3.3 Dünne Linsen

Wenn die Dicke einer Linse im Vergleich mit ihren Krümmungsradien klein ist,

$$d \ll |r_1|, |r_2|, \tag{3.1}$$

spricht man von einer *dünnen* Linse. Unter Vernachlässigung ihrer Dicke fallen ihre beiden Scheitelpunkte zu einem Punkt S zusammen und ihre Lage wird durch ihre *Hauptebene* charakterisiert, die den Punkt S enthält. Damit wird der Parallelversatz, dem Strahlen unterliegen, die in der Linsenmitte auftreffen, vernachlässigt und solche Strahlen passieren eine dünne Linse ungeändert.

In der Gauß-Näherung bündelt eine Linse achsparallel eintreffende Strahlen in einen gemeinsamen Punkt, den *Brennpunkt F* der Linse, siehe Abb. 3.2. Die Lage des Brennpunkts, d. h. die *Brennweite f* der Linse, ergibt sich für dünne Linsen anhand der sogenannten *Linsenmachergleichung* aus den Krümmungsradien ihrer Oberflächen,

$$\frac{1}{f} = (n-1)\left(\frac{1}{r_1} - \frac{1}{r_2}\right), \tag{3.2}$$

Abb. 3.2 Die Lage einer dünnen Linse wird durch ihre Hauptebene gegeben. Sie besitzt einen Brennpunkt F, in dem sich achsparallel einlaufende Strahlen treffen. Die Brennweite gibt die Lage des Brennpunkts an: Für Sammellinsen ist $f > 0$ und der Brennpunkt liegt hinter der Linse. Für Zerstreuungslinsen ist $f < 0$ und der Brennpunkt liegt vor der Linse; in ihm treffen sich die auslaufenden Strahlen in rückwärtiger Verlängerung

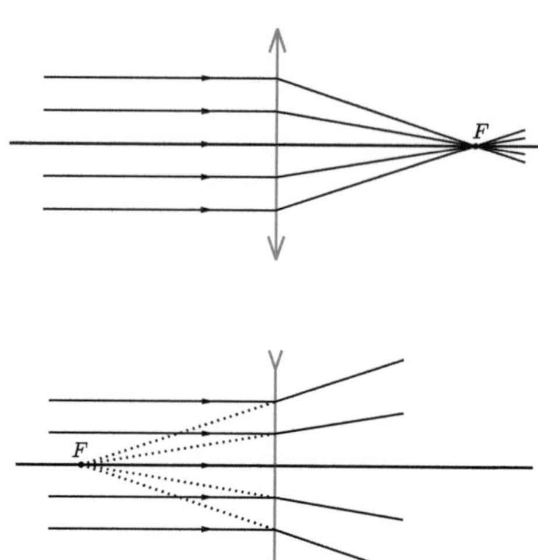

deren Herleitung wir in Abschn. 3.5.3 nachholen. Für eine Sammellinse erhält man $f > 0$, d. h., der Brennpunkt liegt *hinter* der Linse. Für eine Zerstreuungslinse hingegen erhält man mit $f < 0$ einen Brennpunkt *vor* der Linse: Die auslaufenden Strahlen treffen sich in rückwärtiger Verlängerung in diesem Brennpunkt.[1]

Bemerkung Die Gauß-Näherung ist essenziell für die Eigenschaft, dass sämtliche achsparallel eintreffenden Strahlen in einen Brennpunkt vereint werden. Sie ist bei der echten Abbildung durch eine Linse nicht perfekt erfüllt und man kann die Abweichungen als „Abbildungsfehler" der Linse bezeichnen, siehe Abschn. 3.6.

Den Kehrwert der Brennweite bezeichnet man als die *Brechkraft,*

$$D := \frac{1}{f}. \tag{3.3}$$

Je kleiner die Brennweite einer Linse ist, desto größer ist ihre Brechkraft, d. h., umso stärker werden die Lichtstrahlen abgelenkt. Die Einheit der Brechkraft ist die *Dioptrie,* 1 dpt := 1/m.

---

[1] Die Bezeichnung „Brennpunkt" kann man durchaus wörtlich nehmen: Lässt man Sonnenlicht durch eine Sammellinse fallen, kann es im Brennpunkt hinter der Linse heiß werden. Bei einer Zerstreuungslinse stimmt das allerdings nicht: In ihrem vor der Linse liegenden Brennpunkt wird keine Energie gebündelt, er ist virtuell.

Beispiel Ein Brillenglas besitze eine „Stärke" von 2 dpt. Mit dieser Angabe wird offenbar seine Brechkraft D angegeben und es handelt sich um eine Sammellinse mit der Brennweite $f = 1/D = (1/2)\,\text{m} = 50\,\text{cm}$. Lässt man Sonnenlicht durch dieses Brillenglas fallen, wird es also 50 cm hinter dem Glas im Brennpunkt gebündelt. Für Glas mit der Brechzahl $n = 1{,}7$ könnte das Brillenglas beispielsweise als Bikonvexlinse mit zwei gleichen Krümmungsradien r realisiert werden. Dann ist

$$D = (n - 1)\left(\frac{1}{r} - \frac{1}{-r}\right) = \frac{2(n-1)}{r} \tag{3.4}$$

und damit

$$r = \frac{2(n-1)}{D} = \frac{2 \cdot 0{,}7}{2\,\text{m}^{-1}} = 0{,}7\,\text{m}. \tag{3.5}$$

Bemerkung Da eine Sammellinse achsparallel eintreffende Strahlen in einen Brennpunkt vereint, kann sie umgekehrt auch genutzt werden, das von einer Punktlichtquelle ausgehende Licht in ein achsparalleles Lichtbündel zu verwandeln: Eine Kugelwelle mit Zentrum im Brennpunkt wird durch die Linse in eine ebene Welle überführt.

3.3.1 Bildkonstruktion und Abbildungsgleichung

Die Konstruktion des Bilds eines räumlichen Gegenstands, der vor einer dünnen Linse angeordnet wird, erfolgt mit Hilfe bekannter Strahlverläufe:

(1) Ein achsparallel einlaufender Strahl verlässt die Linse durch den Brennpunkt F. Bei Zerstreuungslinsen, für die mit $f < 0$ der Brennpunkt vor der Linse liegt, verläuft die rückwärtige Verlängerung des Strahls durch den Brennpunkt.

(2) Ein Strahl durch die Linsenmitte passiert die dünne Linse ungeändert.

Bisher haben wir nur den „bildseitigen" Brennpunkt $F = F_\text{b}$ verwendet, der bei einer Sammellinse hinter der Linse und bei einer Zerstreuungslinse vor der Linse liegt. Man kann zusätzlich noch den „gegenstandsseitigen" Brennpunkt F_g betrachten: Er liegt auf der anderen Seite der Linse und solange die Medien vor und hinter der Linse identisch sind – wie bei einer Linse in Luft –, besitzt er denselben Abstand von der Linse. Für ihn gilt aufgrund der Umkehrbarkeit des Lichtwegs:

(3) Ein Strahl, der durch den gegenstandsseitigen Brennpunkt F_g einläuft, verlässt die Linse achsparallel.

Bemerkung Die Bezeichnungen „bildseitig" und „gegenstandsseitig" sind der „Standardsituation" einer Sammellinse mit reellem Bild wie in Abb. 3.3 entnommen. In dieser Situation liegt der Brennpunkt wie das Bild hinter der Linse und der andere Brennpunkt liegt auf der Gegenstandsseite.

Bei einer Zerstreuungslinse sieht es etwas anders aus: Bei ihr liegt der Brennpunkt wie das (virtuelle) Bild vor der Linse – „bildseitig" funktioniert also –, aber ihr „gegenstandsseitiger" Brennpunkt liegt auf der anderen Seite und damit hinter der Linse.

Die Bezeichnungen „bildseitig" und „gegenstandsseitig" erfordern also etwas Vorsicht. Bei anderen denkbaren Varianten wie „hinter" und „vor" oder „F" und „F'" wäre das ebenso notwendig.

In Abb. 3.3 erfolgt die Konstruktion des Bilds für einen Gegenstand mit der Größe G, der mit der *Gegenstandsweite* $g > f$ vor einer Sammellinse platziert ist. Es ergibt sich ein kopfstehendes Bild der Größe B, das um die *Bildweite* b hinter der Linse liegt. Man definiert den *Abbildungsmaßstab*

$$v := \frac{B}{G} = \frac{b}{g},\qquad(3.6)$$

wobei das zweite Gleichheitszeichen aus dem Strahlensatz folgt. Ferner ergibt der Strahlensatz

$$\frac{B}{G} = \frac{b-f}{f} = \frac{b}{f} - 1 \overset{(3.6)}{=} \frac{b}{g}\qquad(3.7)$$

und damit die *Abbildungsgleichung für dünne Linsen:*

$$\frac{1}{g} + \frac{1}{b} = \frac{1}{f}.\qquad(3.8)$$

Bei gegebener Gegenstandsweite g ist also

$$b = \frac{gf}{g-f} \quad\text{und}\quad v = \frac{f}{g-f}.\qquad(3.9)$$

Bisher haben wir einen Gegenstand mit $g > f$ und eine Sammellinse betrachtet und wollen als *Vorzeichenkonvention* verabreden, dass in diesem „Standardfall" alle Größen positiv sind.[2] *Die Abbildungsgleichung (3.8) bleibt aber für sämtliche dünne*

---

[2] Es sind durchaus andere Konventionen denkbar. Zum Beispiel kann man im Sinn eines Koordinatensystems mit Ursprung im Scheitelpunkt der Linse vor der Linse liegende Größen negativ und solche dahinter positiv zählen und nach oben gerichtet positiv und nach unten negativ. Dann besitzt die Abbildungsgleichung eine andere Form mit entsprechenden Vorzeichen.

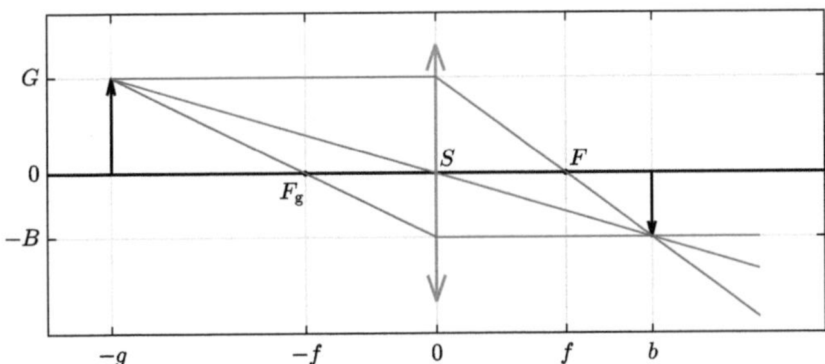

Abb. 3.3 Ein Gegenstand der Größe G befindet sich im Abstand $g > f$ vor einer dünnen Sammellinse. Der von ihm ausgehende achsparallele Strahl verläuft durch den bildseitigen Brennpunkt F, der Strahl durch den Linsenscheitel S bleibt ungeändert und der durch den gegenstandsseitigen Brennpunkt F_g einlaufende Strahl verlässt die Linse achsparallel. Sie treffen sich im Bildpunkt, dessen Lage die Bildweite b und die Bildgröße B ergibt

Linsen und Gegenstandsweiten gültig, wobei zu beachten ist, dass $b < 0$ (und damit auch $B < 0$) ein aufrechtes *virtuelles* Bild vor der Linse bedeutet.

Bemerkung Bei $b > 0$ treffen sich die Lichtstrahlen in einem Punkt hinter der Linse. Dort entsteht ein *reelles Bild:* Man könnte dort einen Bildsensor platzieren und das Bild aufnehmen oder es auf einer Mattscheibe dort betrachten.

Bei $b < 0$ liegt eine andere Situation vor: Die Lichtstrahlen laufen hinter der Linse auseinander. Verlängert man sie rückwärts, gelangt man zu einem *virtuellen Bild* des Gegenstands. Die Lichtstrahlen scheinen von diesem virtuellen Bild auszugehen, das ein Betrachter daher als dort vorhanden wahrnimmt.

Insgesamt ergibt sich folgende Situation, wie man sich im Einzelnen anhand von Gl. (3.9) bzw. anhand der Strahlverläufe klarmacht:

- Bei einer **Sammellinse** entstehen für $g > f$ umgekehrte reelle Bilder, die für $g > 2f$ verkleinert und für $2f > g > f$ vergrößert sind. Für $g < f$, d. h. für Gegenstände innerhalb der Brennweite, reicht die Brechkraft der Linse nicht mehr aus, um ein konvergentes Lichtbündel zu erzeugen: Es entstehen aufrechte, vergrößerte, virtuelle Bilder vor der Linse. Für $g = f$ ergibt sich ein virtuelles Bild im Unendlichen.
- Eine **Zerstreuungslinse** kann grundsätzlich kein konvergentes Lichtbündel erzeugen: Es entstehen aufrechte, verkleinerte, virtuelle Bilder zwischen Brennpunkt und Linse, siehe Abb. 3.4.

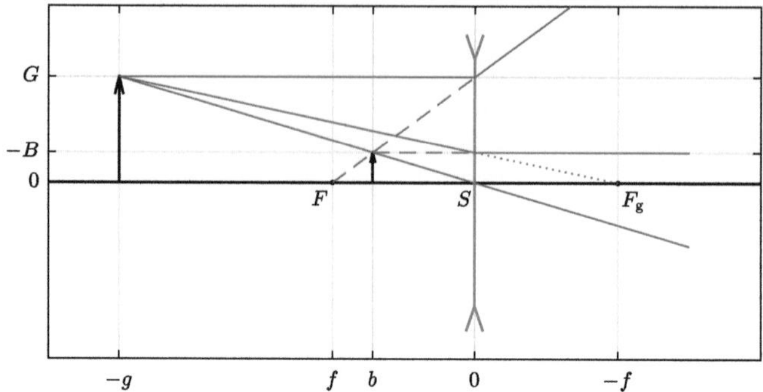

Abb. 3.4 Ein Gegenstand der Größe G befindet sich vor einer Zerstreuungslinse. Der von ihm ausgehende achsparallel einlaufende Strahl verlässt die Linse so, dass er in rückwärtiger Verlängerung durch den Brennpunkt F verläuft, der wegen $f < 0$ vor der Linse liegt. Der Strahl durch den Linsenscheitel S bleibt ungeändert und der in Verlängerung durch den gegenstandsseitigen Brennpunkt F_g (hinter der Linse) einlaufende Strahl verlässt die Linse achsparallel. Es entsteht ein virtuelles Bild innerhalb des Abstands $|f|$ vor der Linse

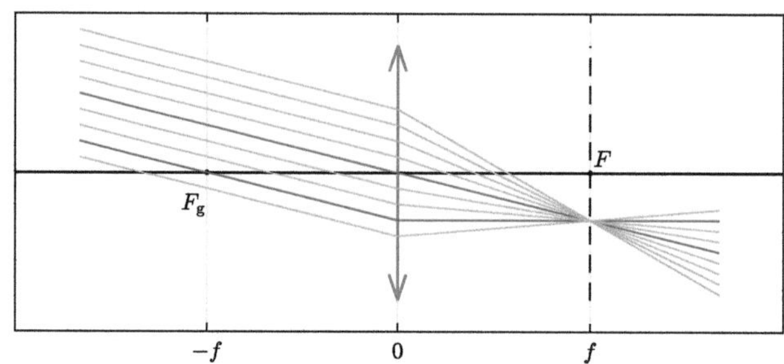

Abb. 3.5 Das Licht eines im Unendlichen befindlichen Gegenstands erreicht die Linse als paralleles Lichtbündel. Der Strahl durch den Scheitelpunkt der Linse bleibt ungeändert, der Strahl durch den gegenstandsseitigen Brennpunkt F_g verlässt die Linse parallel zur optischen Achse. Der Schnittpunkt beider Strahlen liegt in der Brennebene und besitzt den Abstand f von der Linse

3.3.2 Bild- und Brennebene

Jeder Gegenstandspunkt im Abstand g von der Linse besitzt sein Bild in der zugehörigen *Bildebene* im Abstand $b = gf/(g - f)$ von der Linse. Für Gegenstände im Unendlichen haben wir

$$b = \frac{gf}{g - f} \xrightarrow{g \to \infty} f, \tag{3.10}$$

d. h., sie werden mit $b = f$ und damit in der *Brennebene* abgebildet, die den Brennpunkt enthält, siehe Abb. 3.5.

Bemerkung Natürlich gibt es keine Gegenstände, die tatsächlich unendlich weit entfernt sind. Aber beispielsweise ist ein Punkt eines Gebäudes in einigen Kilometern Entfernung ein Gegenstandspunkt, der im Sinn einer Abbildung im

Unendlichen liegt: Sein Licht erreicht die Linse praktisch als ebene Welle, d. h., seine Lichtstrahlen treffen als paralleles Lichtbündel auf die Linse. Umgekehrt bedeutet ein „virtuelles Bild im Unendlichen" einfach parallel auslaufende Lichtstrahlen.

3.3.3 Exkurs: Hohlspiegel

Mit einer Linse lässt sich Licht „einsammeln" und einem abbildenden System wie einem Fernrohr zuführen. Zu demselben Zweck kann auch ein Hohlspiegel verwendet werden, der sich vollkommen analog beschreiben lässt.

Wir betrachten Lichtstrahlen, die achsparallel auf einen sphärischen Hohlspiegel mit dem Radius r treffen: Aufgrund der Geometrie der Kugel wird das Einfallslot in jedem Punkt durch seine Verbindungslinie zum Kugelmittelpunkt gegeben, siehe Abb. 3.6. Der Sinussatz in Dreieck MAX ergibt

$$\frac{x}{\sin\alpha} = \frac{r}{\sin(\pi - 2\alpha)} \quad \text{mit} \quad \sin(\pi - 2\alpha) = \sin(2\alpha), \tag{3.11}$$

also schneidet der Strahl die optische Achse im Abstand

$$x = r\,\frac{\sin\alpha}{\sin(2\alpha)} \tag{3.12}$$

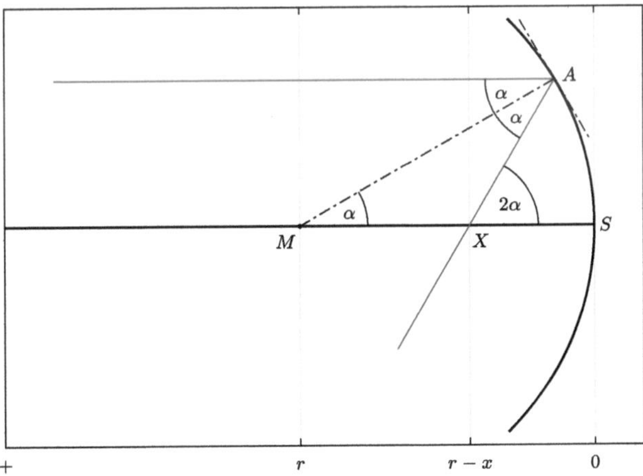

Abb. 3.6 Lichtstrahlen fallen parallel zur optischen Achse auf einen sphärischen Hohlspiegel. Die Tangente in einem Spiegelpunkt steht aufgrund der Geometrie der Kugel senkrecht auf dem Radius in diesem Punkt. Der Einfallswinkel α hängt vom Abstand des Strahls von der optischen Achse ab. Im Abstand x vom Mittelpunkt des Hohlspiegels schneidet der reflektierte Strahl die optische Achse

vom Kugelmittelpunkt. In der Gauß-Näherung, d. h. mit $\sin\alpha \approx \alpha$ und $\sin(2\alpha) \approx 2\alpha$, wird daraus

$$x \approx r\,\frac{\alpha}{2\alpha} = \frac{r}{2}. \tag{3.13}$$

Damit treffen sich sämtliche einlaufenden Strahlen nach der Reflexion im Brennpunkt des Hohlspiegels im Abstand

$$f = \frac{r}{2} \tag{3.14}$$

von seinem Scheitelpunkt S.

Bemerkung Wie bei sphärischen Linsen ist auch bei sphärischen Hohlspiegeln die Gauß-Näherung essenziell für die Eigenschaft, parallel eintreffende Lichtstrahlen in einem Brennpunkt zu vereinen.

Ein *Parabolspiegel,* also ein Hohlspiegel in Form einer Rotationsparabel, besitzt die Eigenschaft, sämtliche Lichtstrahlen, die parallel zu seiner Symmetrieachse einfallen – also auch solche in großem Abstand –, *exakt* im Brennpunkt der Parabel zu vereinen. Parabolspiegel werden zum Beispiel im Zusammenhang mit Radar- oder Funkantennen verwendet. Für ihren Einsatz ist zu bedenken, dass sich ihre „perfekte Korrektur" nur auf Strahlenbündel parallel zu ihrer Symmetrieachse bezieht.

Beispiel Ein Newton-Teleskop besitzt einen Hohlspiegel zum „Einsammeln" des Lichts. Ein handelsübliches Amateurgerät weist beispielsweise bei 200 mm Öffnung eine Brennweite von 800 mm auf. Der Krümmungsradius beträgt somit 1600 mm und die bilderzeugenden Strahlen sind maximal 100 mm von der optischen Achse entfernt. Für den maximalen Einfallswinkel α, siehe Abb. 3.6, gilt damit $\sin\alpha_{\mathrm{max}} = 100/1600$, d. h. $\alpha_{\mathrm{max}} \approx 3{,}6°$. Siehe auch Abb. 4.6.

Die Konstruktion des Bilds eines Gegenstands im Abstand g vor dem Scheitelpunkt des Hohlspiegels erfolgt anhand bekannter Strahlverläufe:

(1) Ein achsparallel einlaufender Strahl läuft nach der Spiegelung durch den Brennpunkt.
(2) Ein Strahl, der im Scheitelpunkt des Spiegels auftrifft, verlässt ihn symmetrisch zur optischen Achse.
(3) Ein durch den Brennpunkt einlaufender Strahl verlässt den Spiegel achsparallel.
(4) Ein durch den Mittelpunkt des Hohlspiegels einlaufender Strahl wird in sich selbst zurückreflektiert,

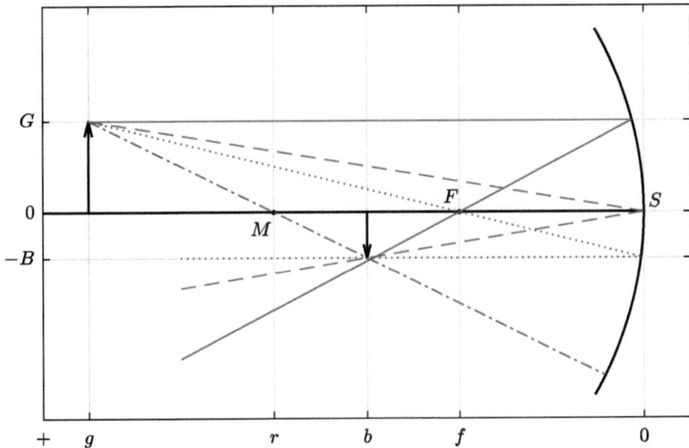

Abb. 3.7 Der von einem Gegenstandspunkt aus achsparallel auf den Hohlspiegel treffende Strahl verläuft nach der Spiegelung durch den Brennpunkt, der im Scheitel eintreffende Strahl verlässt ihn symmetrisch zur optischen Achse, der durch den Brennpunkt einlaufende Strahl verlässt ihn achsparallel und ein durch den Mittelpunkt einlaufender Strahl wird in sich selbst zurückreflektiert. In ihrem Schnittpunkt entsteht das Bild

siehe Abb. 3.7. Diese auslaufenden Strahlen schneiden sich in der Gauß-Näherung in einem Punkt[3] – wobei zwei der Strahlen zur Konstruktion des Bilds ausreichen. Für Gegenstandsweiten $g > f$ ergibt sich ein kopfstehendes reelles Bild vor dem Spiegel, dessen Bildweite b wir per Konvention als positiv festlegen wollen.

Analog zur dünnen Linse folgt aus dem Strahlensatz

$$v = \frac{B}{G} = \frac{b}{g} \tag{3.15}$$

und die Abbildungsgleichung

$$\frac{1}{g} + \frac{1}{b} = \frac{1}{f}. \tag{3.16}$$

Wir haben somit für $g > f$ ein mit $v > 0$ umgekehrtes reelles Bild, das für $f < g < 2f$ vergrößert und für $g > 2f$ verkleinert ist. Für $g < f$ entsteht ein vergrößertes, aufrechtes, virtuelles Bild hinter dem Spiegel.

Beispiel Ein „Schminkspiegel" ist ein Spiegel, in dem das Gesicht vergrößert erscheint. Dabei handelt es sich um einen leicht gekrümmten Hohlspiegel, bei dessen Anwendung das Gesicht innerhalb seiner Brennweite liegt. Das Ergebnis ist ein vergrößertes virtuelles Bild hinter dem Spiegel.

---

[3] Die Strahlen in Abb. 3.7 schneiden sich sichtbar nicht genau in einem Punkt. Das liegt an der Größe von G bzw. der Krümmung des Hohlspiegels, die beide so gewählt sind, dass die Strahlverläufe gut nachvollzogen werden können. Der Einfallswinkel ist hier $\alpha = \arcsin(1/4) \approx 14{,}5°$ und damit abseits der Gauß-Näherung. Die Strahlverläufe in den Scheitelpunkt und durch den Mittelpunkt sind davon nicht betroffen und exakt richtig.

Bemerkung Zusammengefasst passiert bei einem Hohlspiegel dasselbe wie bei einer Sammellinse, nur „auf der anderen Seite". Analog verhält es sich bei einem *Wölbspiegel,* also einem nach außen gewölbten Spiegel: Ihm kann eine Brennweite $f < 0$ zugeordnet werden und er entspricht einer Zerstreuungslinse. Er besitzt grundsätzlich virtuelle verkleinerte Bilder hinter dem Spiegel.

3.4 Fotokamera

Beim Objektiv einer Kamera handelt es sich im Prinzip um eine Sammellinse. Dabei sind Kameraobjektive in der Regel aus mehreren Einzellinsen zusammengesetzt, mit denen in Summe aber nur die Wirkung einer möglichst gut korrigierten Sammellinse erzielt werden soll, siehe Abschn. 3.6. Das Objektiv erzeugt ein reelles Bild des zu fotografierenden Gegenstands und der in der Bildebene platzierte Sensor nimmt das Bild auf. Für die scharfe Abbildung von Gegenständen im Unendlichen muss sich ein Objektiv der Brennweite f im Abstand $b = f$ vom Sensor befinden. Für kleinere Aufnahmeabstände g rückt die Bildebene gemäß

$$b = \frac{gf}{g - f} = \frac{f}{1 - f/g} > f \tag{3.17}$$

weiter nach hinten, d. h., zum Scharfstellen muss der Abstand des Objektivs vom Sensor vergrößert werden.

Bemerkung Bei klassischen Objektivkonstruktionen ist die Scharfeinstellung von außen sichtbar: Für kleinere Aufnahmeentfernungen wird die Objektivlinse über einen Schneckengang nach außen bewegt. Manche Objektivkonstruktionen besitzen aber auch eine „Innenfokussierung", bei der Linsen im Inneren des Objektivs verschoben werden, womit Brennweite und Lage der bildseitigen Hauptebene verändert und auf diese Weise die Scharfeinstellung bewirkt werden kann. Siehe Abschn. 4.3.4.

Beispiel Ein Objektiv mit der Brennweite $f = 105\,\text{mm}$ soll einen Gegenstand in $10\,\text{m}$ Abstand scharf auf dem Sensor abbilden. Die Abstandsangabe bezieht sich i. Allg. auf die Sensorebene, d. h.

$$e = g + b = 10\,\text{m}. \tag{3.18}$$

Die Abbildungsgleichung lautet damit

$$\frac{1}{e-b} + \frac{1}{b} = \frac{1}{f} \tag{3.19}$$

und wir haben eine quadratische Gleichung für b:

$$b + (e-b) = \frac{b(e-b)}{f} \quad \Leftrightarrow \quad b^2 - eb + ef = 0, \tag{3.20}$$

d. h.

$$b = \frac{e}{2} - \sqrt{\frac{e^2}{4} - ef} = 106,13\,\text{mm}. \tag{3.21}$$

Die Objektivlinse muss also zur Fokussierung aus der Unendlich-Einstellung bei 105 mm um 1,13 mm nach vorne bewegt werden.

Wenn e wie im obigen Beispiel viel größer ist als f, kann man auch näherungsweise $g = e$ annehmen. Dies ergibt

$$b = \frac{gf}{g-f} = 106,11\,\text{mm} \tag{3.22}$$

und damit fast dasselbe Ergebnis.

3.4.1 Bildwinkel

Der Bildwinkel eines Kameraobjektivs hängt von seiner Brennweite und von der Größe des Aufnahmesensors ab, siehe Abb. 3.8. Typische Sensorgrößen sind „APS-C" mit 24 mm × 16 mm, „Kleinbild" mit 36 mm × 24 mm oder „Mittelformat" mit 60 mm × 60 mm, entsprechend Diagonalen von $D_A = 28,8\,\text{mm}$, $D_K = 43,3\,\text{mm}$ bzw. $D_M = 84,9\,\text{mm}$. Für den Bildwinkel α einer Aufnahme in Unendlich-Einstellung gilt

$$\tan\frac{\alpha}{2} = \frac{D/2}{f}, \quad \text{d. h.} \quad \alpha = 2\arctan\frac{D}{2f}, \tag{3.23}$$

sodass ein 50 mm-Objektiv mit den obigen Sensorgrößen den Bildwinkeln

$$\alpha_A = 32,1°, \quad \alpha_K = 46,8° \quad \text{bzw.} \quad \alpha_M = 80,7° \tag{3.24}$$

entspricht.

Kameraobjektive mit Bildwinkeln zwischen 40° und 50°, also beispielsweise das 50 mm-Objektiv beim Kleinbildformat, bezeichnet man als *Normalobjektive*.

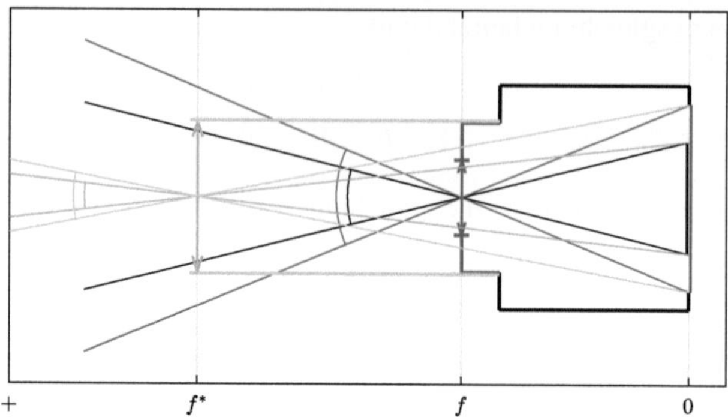

Abb. 3.8 Der Bildwinkel eines Kameraobjektivs hängt von seiner Brennweite f und von der Sensorgröße der Kamera ab. Bei größerer Brennweite $f^* > f$ verkleinert sich der Bildwinkel

Ihre Bildwirkung, etwa bei der Aufnahme einer Landschaft, entspricht ungefähr der menschlichen Wahrnehmung bei der direkten Betrachtung der Landschaft.

Bei Objektiven mit größeren Bildwinkeln spricht man von *Weitwinkelobjektiven.* Im Mittelformat ist ein 50 mm-Objektiv ein Weitwinkelobjektiv.

Teleobjektive besitzen große Brennweiten und kleine Bildwinkel. Mit größerer Brennweite vergrößert sich auch der Abbildungsmaßstab $v = f/(g - f)$, d. h., Teleobjektive bilden Gegenstände größer ab als Normalobjektive.

Aufnahmesensoren

Der Aufnahmesensor einer Digitalkamera besteht aus lichtempfindlichen Pixeln, die einfallendes Licht in elektrischen Strom umwandeln. Dabei ist ein Pixel i. Allg. nicht farbempfindlich, d. h., der von ihm erzeugte elektrische Impuls hängt nur von der Intensität des einfallenden Lichts ab. Je mehr Pixel ein Sensor bei gegebener Größe besitzt, desto größer ist seine Auflösung und desto kleiner die Pixelgröße. Eine kleinere Pixelgröße bedeutet, dass weniger Photonen auf das einzelne Pixel fallen. Sein primär erzeugter elektrischer Impuls ist daher kleiner und erfordert mehr elektronische Verstärkung.

Ein Farbsensor benötigt einen „Mechanismus", um Lichtfarben unterscheiden zu können. Eine häufig verwendete Methode ist ein *Bayer-Sensor*[4], bei dem den Pixeln ein Farbfilter mit einem bestimmten RGB-Muster vorgeschaltet wird: Ein 2×2-Pixelblock erhält diagonal zwei Grünfilter und daneben einen Rot- und einen Blaufilter. Aus solchen vier Pixeln lässt sich dann zusammengenommen eine RGB-Farbinformation gewinnen.

Beispiel Ein APS-C-Bildsensor weise 10,14 Megapixel auf und wir gehen von quadratischen Pixeln aus. Der Sensor hat ein Seitenverhältnis von $24/16 = 3/2$

---

[4] Benannt nach dem US-amerikanischen Physiker Bryce Bayer, 1929–2012.

und die Fläche $F = 384\,\text{mm}^2$. Die Kantenlänge eines Pixels ist

$$a = \sqrt{\frac{384\,\text{mm}^2}{10{,}14 \cdot 10^6}} = 6{,}15\,\mu\text{m} \tag{3.25}$$

und der Sensor besteht aus 3900×2600 Pixeln.

3.4.2 Blendenzahl

Das Lichtbündel, das in ein Objektiv eintritt, wird durch eine kreisförmige Blende mit dem Durchmesser d im Abstand f vor dem Sensor begrenzt. Einer solchen Anordnung ordnet man eine *Blendenzahl Z* zu gemäß

$$Z := \frac{f}{d}. \tag{3.26}$$

Die Menge des Lichts, das zum Sensor gelangt, hängt vom Durchmesser d der Blende ab und ist wie die Fläche des Kreises proportional zu d^2. Die Größe der Blende ist bei einem Fotoobjektiv in der Regel einstellbar[5] und die Blendenzahlen besitzen typischerweise die Werte

$$1,\ 1{,}4,\ 2,\ 2{,}8,\ 4,\ 5{,}6,\ 8,\ 11,\ 16,\ 22,\ 32.$$

Zwischen diesen Blendenzahlen liegt jeweils der Faktor $\sqrt{2} \approx 1{,}4$, d.h., dass die *Lichtmenge mit jedem Schritt zur größeren Blendenzahl halbiert* wird.

Die größtmögliche Blende eines Objektivs entspricht seiner kleinsten einstellbaren Blendenzahl und ist eine wichtige Kennzahl. Sie kann durchaus kleiner als 1 sein, typisch sind aber eher Werte von 1,4, 2 oder 2,8. Je kleiner die größtmögliche Blendenzahl ist, desto „lichtstärker" ist das Objektiv. Zur Erreichung derselben Blendenzahl wächst die Größe der Blende d – und damit der notwendige Durchmesser der Frontlinse – mit der Brennweite f an.

Schärfentiefe

Wenn ein bestimmter Aufnahmeabstand g scharf gestellt wird, befindet sich der Sensor der Kamera in der zugehörigen Bildebene im Abstand b von der Objektivlinse, siehe Gl. (3.17). Gegenstandspunkte im Abstand g erscheinen dann – wenn man von einer perfekt abbildenden Linse ausgeht – als Bildpunkte[6] auf dem Sensor,

---

[5] Die einstellbare Blende kann durch eine Konstruktion mit mehreren Lamellen realisiert werden. Abhängig von der Anzahl der Lamellen ist die Blendenöffnung dann mehr oder weniger kreisförmig.
[6] Tatsächlich handelt es sich bei dem „Bildpunkt" auch bei perfekter Abbildung mindestens um ein Beugungsscheibchen, siehe Gl. (5.27).

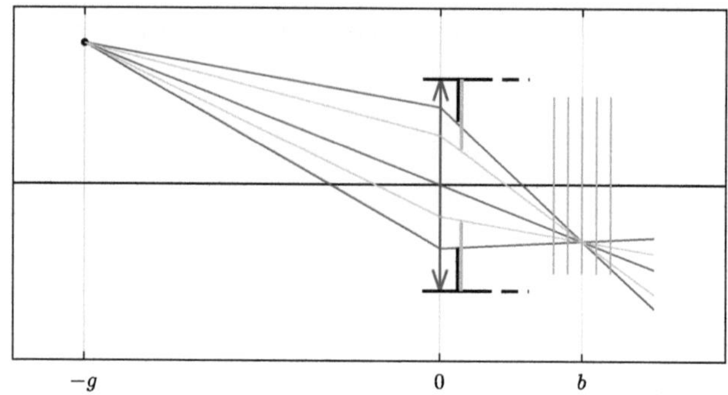

Abb. 3.9 Die Abbildung eines Gegenstandspunkts erfolgt durch ein „Strahlenbüschel", dessen seitliche Ausdehnung durch die Blendenöffnung des Objektivs festgelegt wird. Abseits der Bildebene nimmt der Aufnahmesensor statt eines Bildpunkts einen Bildkreis auf: Mit größer werdendem Abstand von der Bildebene wird das Bild unschärfer

während Gegenstandspunkte in anderen Abständen als kreisförmige Flecke abgebildet werden, siehe Abb. 3.9. Je nach Größe dieser Flecke kann die Abbildung aber immer noch als „scharf" wahrgenommen werden, d. h., es gibt nicht nur exakt einen Abstand g, sondern einen gewissen Bereich $g \pm \Delta g$, der scharf abgebildet wird, und man spricht von der *Schärfentiefe*. Sie unterliegt zwei wesentlichen Einflussfaktoren:

- *Je größer die Brennweite f des Objektivs ist, desto geringer ist seine Schärfentiefe.* Es ist

$$b = \frac{f}{1 - f/g} \approx f\left(1 + \frac{f}{g}\right) = f + \frac{f^2}{g} \quad \text{für } g \gg f, \tag{3.27}$$

d. h., die Bildebene verschiebt sich bei leicht variablem g mit dem Faktor f^2, bei Teleobjektiven mit großem f also deutlich stärker als bei kleinen Brennweiten. So ist beispielsweise für die zwei Gegenstandsweiten $g_1 = 10\,\text{m}$ und $g_2 = 11\,\text{m}$ bei einem 300 mm-Objektiv

$$b_1 = 309{,}3\,\text{mm} \quad \text{und} \quad b_2 = 308{,}4\,\text{mm} \tag{3.28}$$

und bei einem 50 mm-Objektiv

$$b_1 = 50{,}25\,\text{mm} \quad \text{und} \quad b_2 = 50{,}23\,\text{mm}. \tag{3.29}$$

- *Je größer die Blende ist, desto geringer ist die Schärfentiefe.* Die Größe eines unscharfen „Bildkreises" hängt vom Durchmesser des Lichtbündels ab, das durch die Objektivlinse fällt, siehe Abb. 3.9. Blendet man also ab, d. h., wählt man eine größere Blendenzahl, vergrößert sich die Schärfentiefe.

Bemerkung Die Frage, ob ein der Bildkreis eines Gegenstandspunkts noch als scharfe Abbildung wahrgenommen wird, hängt an unterschiedlichen Faktoren. Solange der Bildkreis nicht wesentlich größer ist als ein Pixel bzw. ein 2×2-Pixelblock des Aufnahmesensors, ist die Abbildung im Sinn des Sensors scharf. Es kommen aber eine Reihe weiterer Dinge hinzu: Bildverarbeitungsalgorithmen ggf. mit Komprimierung der Bildgröße, Betrachtung auf einem Monitor, der selbst eine gewisse Auflösung hat (Monitorpixel), Abstand und Sehschärfe des Betrachters usw.

3.5   Optische Systeme

Reale optische Systeme bestehen aus Linsen, deren Dicke oft nicht vernachlässigt werden kann, und/oder sie sind aus mehreren Einzellinsen zusammengesetzt. Die optischen Eigenschaften des Gesamtsystems können aber in der Gauß-Näherung weiterhin durch Brennpunkte beschrieben werden, deren Wirkungen sich allerdings auf *zwei Hauptebenen* beziehen – im Unterschied zu der einen Hauptebene einer dünnen Linse: Ein achsparallel einlaufender Strahl wird an der bildseitigen Hauptebene in den bildseitigen Brennpunkt geleitet und ein durch den gegenstandsseitigen Brennpunkt einlaufender Strahl verläuft ab der gegenstandsseitigen Hauptebene achsparallel, siehe Abb. 3.10. Im Einzelnen besitzen optische Systeme folgende grundlegende Parameter:

- Gegenstands- und bildseitiger Scheitelpunkt S_g, S_b im Abstand d voneinander, entsprechend der physischen Ausdehnung des Systems
- h_g, h_b: Abstand der Hauptebenen H_g, H_b von ihren Scheitelpunkten
- f_g, f_b: Abstand der Brennpunkte von ihren Hauptebenen
- ψ_g, ψ_b: *Schnittweite* der Brennpunkte, d. h. Abstand von ihren Scheitelpunkten,

$$\psi_{g,b} = f_{g,b} - h_{g,b}. \tag{3.30}$$

Bei bekannter Lage der Hauptebenen und der Brennpunkte sind die optischen Eigenschaften in der Gauß-Näherung vollständig bestimmt. Eine Hauptebene kann dabei durchaus auch außerhalb der physischen Ausdehnung des Systems liegen und die Schnittweite kann größer sein als die Brennweite.

Beispiel Bei einer Spiegelreflexkamera erfordert der Spiegelkasten vergleichsweise viel freien Raum vor dem Sensor, z. B. 42 mm. Ein Objektiv, das an der Kamera verwendet wird, muss daher eine bildseitige Schnittweite von mindestens 42 mm besitzen. Für ein Weitwinkelobjektiv mit kleinerer Brennweite, z. B. $f = 20\,\text{mm}$, bedeutet dies, dass seine Schnittweite größer sein muss als die

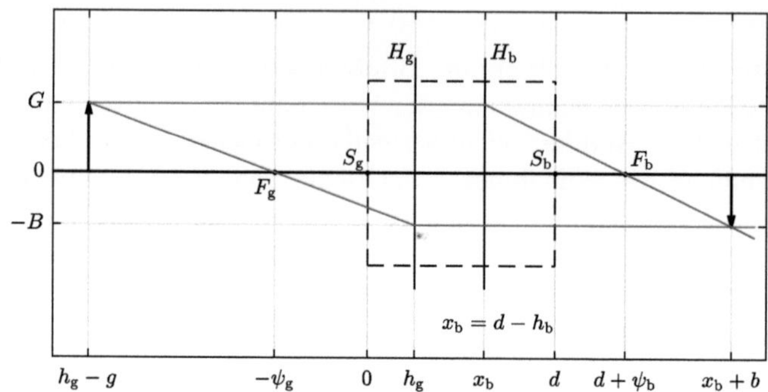

Abb. 3.10 Ein optisches System liegt physisch zwischen gegenstands- und bildseitigem Scheitelpunkt S_g bzw. S_b. Seine Hauptebenen H_g und H_b besitzen die Abstände h_g bzw. h_b von den Scheitelpunkten, die jeweils positiv sind, wenn die Hauptebene in Richtung optisches System liegt. Die Brennweiten f_g, f_b beziehen sich wie Gegenstands- und Bildweite auf die Hauptebenen und die Schnittweiten ψ_g, ψ_b auf die Scheitelpunkte. Die Strahlkonstruktion erfolgt mit Hilfe der Hauptebenen

Brennweite, d. h., seine bildseitige Hauptebene liegt außerhalb des Objektivs im Inneren der Kamera.

Die Abbildungsgleichung lässt sich aus Abb. 3.10 ablesen: Der Strahlensatz ergibt auf Gegenstands- und Bildseite

$$\frac{B}{G} = \frac{f_\mathrm{g}}{g - f_\mathrm{g}} \quad \text{bzw.} \quad \frac{B}{G} = \frac{b - f_\mathrm{b}}{f_\mathrm{b}}, \tag{3.31}$$

d. h., wir haben

$$\frac{f_\mathrm{g}}{g - f_\mathrm{g}} = \frac{b - f_\mathrm{b}}{f_\mathrm{b}} \quad \text{oder} \quad \left(g - f_\mathrm{g}\right)\left(b - f_\mathrm{b}\right) = f_\mathrm{g} f_\mathrm{b} \tag{3.32}$$

und damit

$$b f_\mathrm{g} + g f_\mathrm{b} = g b. \tag{3.33}$$

Das Bild eines Gegenstands im Abstand g von der gegenstandsseitigen Hauptebene entsteht somit im Abstand

$$b = \frac{g f_\mathrm{b}}{g - f_\mathrm{g}} \tag{3.34}$$

von der bildseitigen Hauptebene.

Bemerkung Wenn bild- und gegenstandsseitige Brennweite gleich sind, also für $f_b = f_g = f$, reduziert sich Gl. (3.33) auf die bekannte Abbildungsgleichung

$$\frac{1}{g} + \frac{1}{b} = \frac{1}{f} \quad \Leftrightarrow \quad bf + gf = gb. \tag{3.35}$$

3.5.1   Abbildungsmatrizen

Optische Systeme lassen sich in der Gauß-Näherung durch 2×2-Matrizen beschreiben. Sie erlauben es insbesondere, komplizierte Systeme auf übersichtliche Weise aus ihren Einzelteilen „zusammenzusetzen".

Betrachten wir allgemein die Wirkung eines optischen Systems: Ein Lichtstrahl, der bei S_g in der Höhe y_1 mit der Steigung m_1 in das System eintritt, verlässt es bei S_b in der Höhe y_2 mit der Steigung m_2, siehe Abb. 3.11, und wir können dies schreiben als

$$(y_1, m_1) \begin{pmatrix} A & B \\ C & D \end{pmatrix} = (y_2, m_2). \tag{3.36}$$

Das Strahltupel (y_1, m_1) *wird also durch die Abbildungsmatrix*

$$T = \begin{pmatrix} A & B \\ C & D \end{pmatrix} \tag{3.37}$$

des optischen Systems in das Strahltupel (y_2, m_2) *überführt.*

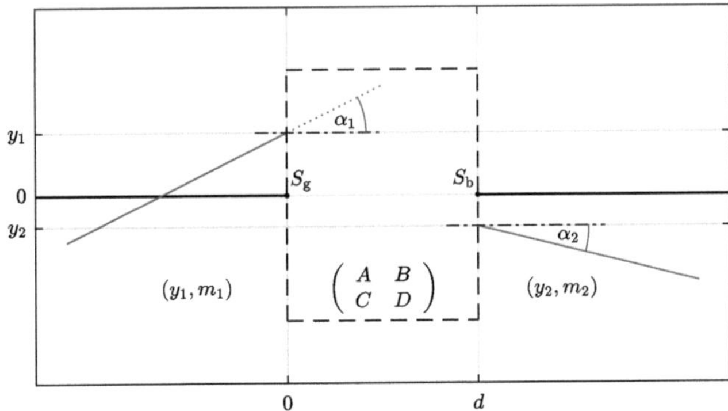

Abb. 3.11 Ein Lichtstrahl trifft an der Stelle 0 in der Höhe y_1 mit der Steigung $m_1 = \tan \alpha_1$ auf ein optisches System. Er verlässt es an der Stelle d in der Höhe y_2 mit der Steigung $m_2 = \tan \alpha_2$. Die Wirkung des Systems kann durch eine 2×2-Matrix beschrieben werden, die das Strahltupel (y_1, m_1) in das Strahltupel (y_2, m_2) überführt

Für einen achsparallel einfallenden Strahl haben wir

$$(y_1, 0) \begin{pmatrix} A & B \\ C & D \end{pmatrix} = (Ay_1, By_1).$$ (3.38)

Er schneidet die optische Achse im Abstand ψ_b hinter dem System, d. h., es ist

$$m_2 \psi_b = -y_2$$ (3.39)

und wir erhalten

$$\psi_b = -\frac{y_2}{m_2} = -\frac{A}{B}$$ (3.40)

als bildseitige Schnittweite des optischen Systems. Die Lage der Hauptebene ergibt sich aus der Bedingung

$$-m_2 h_b + y_2 = y_1,$$ (3.41)

d. h., es ist

$$h_b = \frac{y_2 - y_1}{m_2} = \frac{Ay_1 - y_1}{By_1} = \frac{A-1}{B}$$ (3.42)

und

$$f_b = \psi_b + h_b = -\frac{1}{B}.$$ (3.43)

Die entsprechenden gegenstandsseitigen Größen ergeben sich aus der Betrachtung des inversen Systems mit der Abbildungsmatrix

$$T^{-1} = \begin{pmatrix} A & B \\ C & D \end{pmatrix}^{-1} = \frac{1}{\det T} \begin{pmatrix} D & -B \\ -C & A \end{pmatrix}, \quad \det T = AD - BC,$$ (3.44)

wobei zu beachten ist, dass sie mit einem Minuszeichen versehen werden müssen, da gegenstandsseitig in die andere Richtung positiv gezählt wird als bildseitig. Wir haben daher

$$\psi_g = -\left(-\frac{D/\det T}{-B/\det T} \right) = -\frac{D}{B}$$ (3.45)

$$h_g = -\frac{D/\det T - 1}{-B/\det T} = \frac{D - \det T}{B}$$ (3.46)

$$f_g = +\frac{1}{-B/\det T} = -\frac{\det T}{B}.$$ (3.47)

Insbesondere halten wir fest, dass bild- und gegenstandsseitige Brennweite gleich sind, wenn $\det T = 1$ gilt.

Ein Strahl, der ein optisches System verlässt, kann anschließend in ein nächstes optisches System eintreten, d. h., *besteht ein optisches System aus hintereinanderliegenden Einzelelementen, deren Abbildungsmatrizen bekannt sind, erhält man die Matrix des Gesamtsystems als Produkt der Einzelmatrizen.*

3.5.2 System aus zwei dünnen Linsen

Wir betrachten ein System, das aus zwei dünnen Linsen mit den Brennweiten f_1 und f_2 im Abstand e voneinander besteht. Es besitzt die Gesamtmatrix

$$T_{f_1 e f_2} = T_{f_1} T_e T_{f_2}. \tag{3.48}$$

Ermitteln wir zunächst die **Matrix einer dünnen Linse der Brennweite** f: Aus

$$(y_1, 0) \begin{pmatrix} A & B \\ C & D \end{pmatrix} = (Ay_1, By_1) \overset{!}{=} (y_1, -y_1/f) \tag{3.49}$$

folgt $A = 1$ und $B = -1/f$ und aus

$$(0, m_1) \begin{pmatrix} A & B \\ C & D \end{pmatrix} = (Cm_1, Dm_1) \overset{!}{=} (0, m_1) \tag{3.50}$$

$C = 0$ und $D = 1$. Wir haben also

$$T_f = \begin{pmatrix} 1 & -1/f \\ 0 & 1 \end{pmatrix}. \tag{3.51}$$

Bemerkung Mit der Betrachtung eines achsparallel einlaufenden Strahls $(y_1, 0)$ und eines im Scheitelpunkt einlaufenden Strahls $(0, m_1)$ sind jeweils nur die Matrixelemente A, B bzw. C, D relevant. Bei bekanntem Strahlverlauf erlauben diese beiden Strahlen daher die einfache Ermittlung der Matrixelemente.

Auch ein **Zwischenraum der Länge** e benötigt eine Abbildungsmatrix. Zwar ändert er nicht die Steigung eines Strahls, aber seine Höhe, sofern der Strahl nicht achsparallel verläuft. Im Einzelnen folgt aus

$$(y_1, 0) \begin{pmatrix} A & B \\ C & D \end{pmatrix} = (Ay_1, By_1) \overset{!}{=} (y_1, 0) \tag{3.52}$$

und

$$(0, m_1) \begin{pmatrix} A & B \\ C & D \end{pmatrix} = (Cm_1, Dm_1) \overset{!}{=} (m_1 e, m_1) \tag{3.53}$$

die Matrix

$$T_e = \begin{pmatrix} 1 & 0 \\ e & 1 \end{pmatrix}. \tag{3.54}$$

Für das **Gesamtsystem** erhalten wir nunmehr

$$T_{f_1 e f_2} = \begin{pmatrix} 1 & -\frac{1}{f_1} \\ 0 & 1 \end{pmatrix} \begin{pmatrix} 1 & 0 \\ e & 1 \end{pmatrix} \begin{pmatrix} 1 & -\frac{1}{f_2} \\ 0 & 1 \end{pmatrix}$$

$$= \begin{pmatrix} 1 - \frac{e}{f_1} & \frac{e - f_1 - f_2}{f_1 f_2} \\ e & 1 - \frac{e}{f_2} \end{pmatrix}. \tag{3.55}$$

Die Determinante ist wie die Determinanten der beteiligten Einzelmatrizen gleich 1 und das Gesamtsystem besitzt die Brennweite

$$f = -\frac{1}{B} = \frac{f_1 f_2}{f_1 + f_2 - e}, \tag{3.56}$$

die sich bildseitig auf die Hauptebene bei

$$h_{\mathrm{b}} = \frac{A - 1}{B} = \frac{e f_2}{f_1 + f_2 - e} \tag{3.57}$$

bezieht. Ebenso können auch die anderen Parameter ohne Weiteres aus den Elementen der Matrix berechnet werden.

Von besonderer praktischer Bedeutung ist der Fall $e = 0$, bei dem die Linsen ohne Abstand aneinander liegen. Dann haben wir

$$f = \frac{f_1 f_2}{f_1 + f_2}, \tag{3.58}$$

d. h.

$$\frac{1}{f} = \frac{1}{f_1} + \frac{1}{f_2} \quad \text{bzw.} \quad D = D_1 + D_2. \tag{3.59}$$

Die Brechkräfte zweier direkt hintereinanderliegender Linsen addieren sich.

Beispiel Ein Teleobjektiv bestehe aus einer dünnen Sammellinse mit $f_1 = 160\,\mathrm{mm}$ und einer Zerstreuungslinse mit $f_2 = -1440\,\mathrm{mm}$. Befinden sich die Linsen direkt hintereinander, besitzt es die Brennweite

$$f = \frac{160\,\mathrm{mm} \cdot (-1440\,\mathrm{mm})}{160\,\mathrm{mm} - 1440\,\mathrm{mm}} = 180\,\mathrm{mm}. \tag{3.60}$$

Verschiebt man die zweite Linse um $e = 20\,\mathrm{mm}$ hinter die erste, ändert sich die Brennweite auf

$$f^* = \frac{160\,\mathrm{mm} \cdot (-1440\,\mathrm{mm})}{160\,\mathrm{mm} - 1440\,\mathrm{mm} - 20\,\mathrm{mm}} = 177{,}2\,\mathrm{mm} \tag{3.61}$$

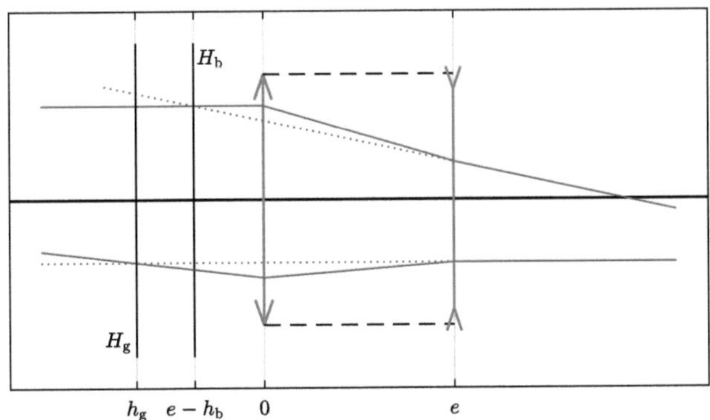

Abb. 3.12 Hinter einer Sammellinse befindet sich im Abstand e eine Zerstreuungslinse, die die Gesamtbrennweite vergrößert. Aus dem Strahlverlauf durch das System wird klar, dass die bildseitige Hauptebene vor dem System liegen muss, d. h., es ist $h_b > e$. Auch die gegenstandsseitige Hauptebene liegt vor dem System, d. h., es ist $h_g < 0$

und es ist

$$h_b = \frac{20\,\text{mm} \cdot (-1440\,\text{mm})}{160\,\text{mm} - 1440\,\text{mm} - 20\,\text{mm}} = 22{,}2\,\text{mm}. \tag{3.62}$$

Die bildseitige Hauptebene liegt somit außerhalb des Systems vor der ersten Linse und der Brennpunkt befindet sich $177{,}2\,\text{mm} - 2{,}2\,\text{mm} = 175{,}0\,\text{mm}$ hinter der ersten Linse. Ferner haben wir

$$h_g = \frac{D-1}{B} = \frac{e f_1}{f_1 + f_2 - e} = -2{,}5\,\text{mm}, \tag{3.63}$$

d. h., auch die gegenstandsseitige Hauptebene liegt vor dem System. Siehe Abb. 3.12.

3.5.3 Sphärische Flächen und Linsen

Wir betrachten nun als optisches Element eine sphärische Grenzfläche mit dem Krümmungsradius r, durch die der Übergang von einem Medium der Brechzahl n_1 in ein zweites mit n_2 erfolgt, siehe Abb. 3.13. Ein achsparallel eintreffender Strahl in der Höhe y_1 trifft unter dem Winkel ε_1 auf die Grenzfläche mit

$$\sin \varepsilon_1 = \frac{y_1}{r} \approx \varepsilon_1. \tag{3.64}$$

Das Brechungsgesetz lautet unter Verwendung der Gauß-Näherung

$$\frac{\sin \varepsilon_1}{\sin \varepsilon_2} = \frac{n_2}{n_1} \approx \frac{\varepsilon_1}{\varepsilon_2} \quad \text{bzw.} \quad \varepsilon_2 \approx \frac{n_1}{n_2} \varepsilon_1. \tag{3.65}$$

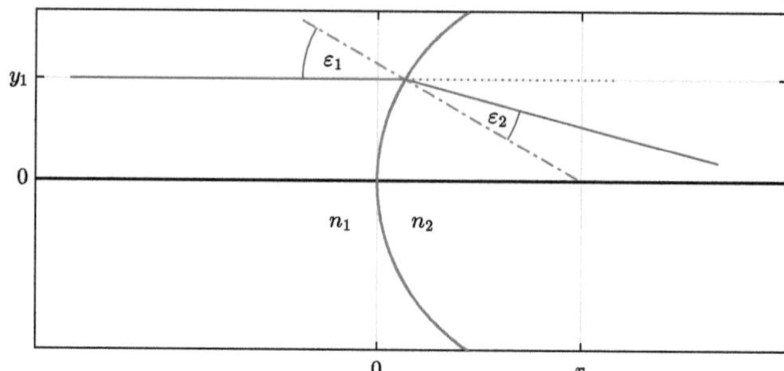

Abb. 3.13 Ein achsparalleler Lichtstrahl trifft in der Höhe y_1 unter dem Winkel ε_1 auf eine sphärische Fläche mit dem Krümmungsradius r und tritt unter dem Winkel ε_2 in das neue Medium ein. Nach der Brechung besitzt der Lichtstrahl die Steigung $m_2 = \tan(\varepsilon_2 - \varepsilon_1)$. Für $y_1 > 0$, $n_1 < n_2$ und eine gegen die Strahlrichtung gewölbte Fläche ($r > 0$) ist $m_2 < 0$

Für die Steigung des auslaufenden Strahls erhalten wir daher

$$m_2 = \tan(\varepsilon_2 - \varepsilon_1) \approx \varepsilon_2 - \varepsilon_1 \approx \left(\frac{n_1}{n_2} - 1\right)\varepsilon_1 \approx \left(\frac{n_1}{n_2} - 1\right)\frac{y_1}{r} \tag{3.66}$$

und lesen analog zu Gl. (3.49) die Matrixelemente

$$A = 1, \qquad B = \frac{n_1 - n_2}{rn_2} \tag{3.67}$$

ab.

Für einen Scheitelpunktsstrahl haben wir die Steigungen

$$m_1 = -\tan\alpha_1 \approx -\alpha_1 \tag{3.68}$$

und

$$m_2 \approx -\alpha_2 \approx -\frac{n_1}{n_2}\alpha_1 \approx \frac{n_1}{n_2}m_1, \tag{3.69}$$

und erhalten damit analog zu Gl. (3.50)

$$C = 0, \qquad D = \frac{n_1}{n_2} \tag{3.70}$$

und insgesamt die folgende Abbildungsmatrix einer **sphärischen Fläche:**

$$T_r = \begin{pmatrix} 1 & \frac{n_1 - n_2}{rn_2} \\ 0 & n_1/n_2 \end{pmatrix}. \tag{3.71}$$

Für den in Abb. 3.13 dargestellten Fall, dass der Mittelpunkt der brechenden Kugelfläche in Strahlrichtung hinter der Fläche liegt – sie also „nach vorne" gewölbt ist – ist $r > 0$ und im umgekehrten Fall bleibt die Matrix mit $r < 0$ richtig.

Dünne Linse in Luft

Eine dünne Linse besteht aus zwei sphärischen Flächen mit den Radien r_1 bzw. r_2 in vernachlässigbarem Abstand zueinander. Für ein Linse in Luft erfolgt bei der ersten Fläche ein Übergang $1 \to n$ und bei der zweiten ein Übergang $n \to 1$. Ihre Abbildungsmatrix lautet daher

$$
T_{\text{düL}} = \begin{pmatrix} 1 & \frac{1-n}{r_1 n} \\ 0 & 1/n \end{pmatrix} \begin{pmatrix} 1 & \frac{n-1}{r_2} \\ 0 & n \end{pmatrix} = \begin{pmatrix} 1 & \frac{1-n}{r_1} + \frac{n-1}{r_2} \\ 0 & 1 \end{pmatrix}. \tag{3.72}
$$

Aus $B = -1/f$ erhalten wir

$$
\frac{1}{f} = (n-1) \left(\frac{1}{r_1} - \frac{1}{r_2} \right) \tag{3.73}
$$

und damit die sogenannte *Linsenmachergleichung*, siehe Gl. (3.2): Sie gibt an, welche Krümmungsradien verwendet werden können, um eine dünne Linse mit gewünschter Brechzahl $D = 1/f$ herzustellen.

Allgemeiner Fall einer sphärischen Linse

Im allgemeinen Fall befindet sich eine Linse der Dicke d mit der Brechzahl n_2 zwischen zwei Medien der Brechzahlen n_1 vor bzw. n_3 hinter der Linse. Ihre Abbildungsmatrix wird gegeben durch

$$
T = \begin{pmatrix} 1 & \frac{n_1-n_2}{r_1 n_2} \\ 0 & n_1/n_2 \end{pmatrix} \begin{pmatrix} 1 & 0 \\ d & 1 \end{pmatrix} \begin{pmatrix} 1 & \frac{n_2-n_3}{r_2 n_3} \\ 0 & n_2/n_3 \end{pmatrix}. \tag{3.74}
$$

Ihre Determinante ergibt sich als Produkt der Einzeldeterminanten zu

$$
\det T = \frac{n_1}{n_3}, \tag{3.75}
$$

d. h., sie ist nur für $n_1 = n_3$ gleich 1.

Bemerkung Eine dünne Linse, die zwischen zwei unterschiedlichen Medien liegt, entspricht der Matrix (3.74) mit $d = 0$.

Linsen, die nicht in Luft liegen, können in optischen Systemen durchaus vorkommen. Beispielsweise gibt es Objektivkonstruktionen, bei denen der Raum zwischen zwei Linsen mit Öl gefüllt ist. Dies ergibt eine weitere Freiheit in der Korrektur von Aberrationen, siehe Abschn. 3.6.

Schließlich halten wir fest, dass der – in optischen Systemen oft anzutreffende – Fall zweier Linsen, die mit zwei gleich gekrümmten Oberflächen direkt aneinanderliegen und miteinander verkittet sind, behandelt werden kann, indem man die zwei Linsen in Luft mit Abstand 0 zueinander betrachtet. Dies führt auf dasselbe Ergebnis wie das explizite Zusammenfügen dreier brechender Flächen mit den Übergängen $1 \to n_1 \to n_2 \to 1$.

3.6   Abbildungsfehler

Bei einer *idealen* Abbildung werden

- Punkte im Gegenstandsraum auf Punkte im Bildraum und
- geometrische Formen auf ähnliche Formen

abgebildet. Die reale Abbildung durch eine echte Linse bzw. ein optisches System weicht in unterschiedlicher Weise von der idealen Abbildung ab. Diese Abweichungen bezeichnet man als *Abbildungsfehler* oder *Aberrationen*.

Bemerkung Abbildungsfehler sind der Grund, warum in optischen Geräten anstelle von Einzellinsen mehr oder weniger komplexe Systeme aus mehreren Linsen eingesetzt werden. Beispielsweise besteht ein normales 50 mm-Fotoobjektiv typischerweise aus 5 oder 6 Einzellinsen und diese Konstruktion verfolgt nur das Ziel, ein möglichst gut korrigiertes System mit 50 mm Brennweite zu erhalten. Besonders viel Aufwand ist erforderlich, wenn große Blenden und/oder große Bildwinkel ermöglicht werden sollen, weil die bilderzeugenden Strahlen dann teilweise weit von der Gauß-Näherung entfernt sind.

3.6.1   Chromatische Aberration

Aufgrund der Dispersion des Linsenmaterials hängt seine Brechzahl von der Wellenlänge des Lichts ab, d. h., die Brennweite einer Linse verändert sich mit der Farbe des Lichts. Unterschiedliche Farbkomponenten eines Gegenstandspunkts werden daher nicht einheitlich abgebildet und man spricht vom *Farbfehler* bzw. von *chromatischer Aberration*. Dieser Fehler tritt offenbar auch in der Gauß-Näherung auf.

Die chromatische Aberration kann deutlich verringert werden, wenn statt einer Einzellinse eine Doppellinse verwendet wird, die aus einer Sammel- und einer Zerstreuungslinse aus *unterschiedlichen* Linsenmaterialien zusammengesetzt ist. Mit einem solchen *achromatischen Dublett* kann man erreichen, dass zwei Farben (beispielsweise rot und blau) denselben Brennpunkt besitzen. Einfach gesagt macht die Sammellinse den Farbfehler „in eine Richtung" und die Zerstreuungslinse „in die andere". Mit unterschiedlichen Dispersionskurven der beiden Linsenmaterialien lässt sich erreichen, dass sich diese Fehler gegenseitig kompensieren.

Will man über „normale" achromatische Dubletts hinausgehen, kann man eine dritte Linse hinzufügen und/oder Spezialglas mit besonders geringer Dispersion verwenden.[7] Man spricht dann von *apochromatischer Korrektur*.

---

[7] Optische Geräte tragen manchmal entsprechende Kürzel, z. B. „ED" für „extra low dispersion" oder „SLD" für „super low dispersion".

Bemerkung Das Prinzip des achromatischen Dubletts wurde im 18. Jahrhundert erkannt, als man Linsen aus Kron- und Flintglas zu einer Gesamtlinse kombinierte. Die Leistung von Fernrohren, die bis dahin eine Einzellinse als Objektiv besaßen, konnte auf diese Weise entscheidend verbessert werden.

Auch heute bestehen langbrennweitige Objektive an Fernrohren oder Ferngläsern oft nur aus einem achromatischen Dublett. Mit langer Brennweite und nicht allzu großem Öffnungswinkel bleiben sie dicht an der Gauß-Näherung und erlauben mit dieser einfachen Farbkorrektur sehr gute Leistungen.

Fotoobjektive, insbesondere mit kleiner Brennweite, sind insgesamt aufwändiger korrigiert und enthalten in der Regel mehrere Linsengruppen in Form achromatischer Dubletts.

3.6.2 Sphärische Aberration

Achsparallele Strahlen, die auf eine sphärische Linse treffen, werden innerhalb der Gauß-Näherung in einen Brennpunkt vereinigt. Dies ist für achsfernere Strahlen nicht mehr erfüllt: Je weiter außen die Strahlen eintreffen, umso dichter an der Linse schneiden sie die optische Achse, siehe Abb. 3.14, und man spricht von *sphärischer Aberration*. Da sie sich offenbar durch „Abblenden" verringern lässt, d. h. durch das Ausblenden achsferner Strahlen, bezeichnet man die sphärische Aberration auch als *Öffnungsfehler*.

Die Stärke des Öffnungsfehlers hängt von der Linsenform ab – je stärker die Oberflächenkrümmung, desto größer der Fehler – und auch von der Linsenorientierung: Sie wird beispielsweise geringer, wenn man die Linse aus Abb. 3.14 umdreht, sie also als Konvex-Plan-Linse verwendet. Schließlich kann man *asphärische* Linsen-

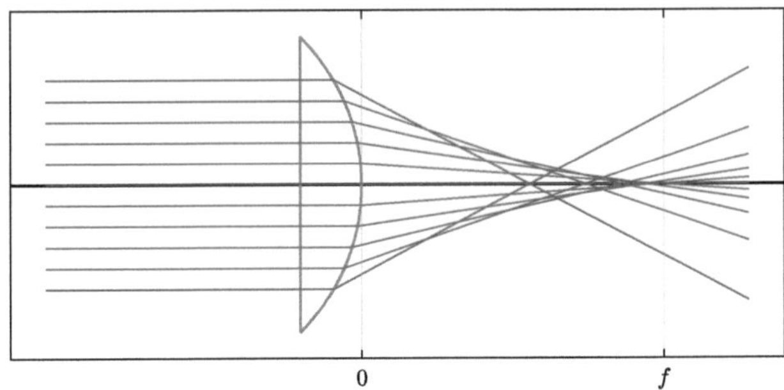

Abb. 3.14 Treffen Lichtstrahlen in größerem Abstand von der optischen Achse auf eine sphärische Linse, hier eine Plan-Konvex-Linse, für die sich der exakte Strahlverlauf leicht konstruieren lässt, tritt sphärische Aberration auf: Die Strahlen schneiden die optische Achse nicht mehr im Brennpunkt, sondern davor. Anstelle eines Brennpunkts entsteht damit ein „verwaschener Fleck"

oberflächen verwenden:[8] Für eine Plan-Konvex-Linse kann mit einer hyperbolisch gekrümmten Fläche der Öffnungsfehler für achsparallel eintreffende Strahlen sogar vollständig eliminiert werden, was aber nicht bedeutet, dass damit gleichzeitig auch die anderen Abbildungsfehler vollständig beseitigt wären.

Bemerkung Bei der Herstellung von Linsen müssen deren Oberflächen präzise geschliffen werden. Sphärische Oberflächen besitzen einen konstanten Krümmungsradius. Daher können viele Linsen auf einem entsprechenden Träger aufgebracht gleichzeitig geschliffen werden. Dies ist bei asphärischen Linsenoberflächen nicht möglich: Hier muss jede Linse einzeln bearbeitet werden, sodass ihre Herstellung aufwändiger (und teurer) ist.

Für näherungsweise achsparallel einfallende Strahlen ergibt die sphärische Aberration ein kreisförmiges Fehlermuster. Für schräg eintreffende parallele Strahlenbündel entsteht ein unsymmetrisches Fehlermuster, das einem Kometenschweif ähneln kann und daher als *Koma* bezeichnet wird. Schräg eintreffende divergierende Strahlenbündel weisen darüber hinaus *Astigmatismus* („Punktlosigkeit") auf, d. h., quer zur optischen Achse liegende Anteile des schiefen Strahlenbündels werden in anderer Entfernung hinter der Linse vereint als solche in Richtung der optischen Achse, da sich die effektive Krümmung der Linsenoberflächen für beide Bündelanteile unterscheidet.

Bemerkung Ein Hohlspiegel bildet im Unterschied zu einer Linse grundsätzlich farbrein ab, da das Reflexionsgesetz unabhängig von der Lichtfarbe ist. Die sphärische Aberration spielt aber auch beim Hohlspiegel eine große Rolle. Eine Korrektur kann durch asphärische Spiegelformen erfolgen, auch und insbesondere bei komplizierteren Systemen mit mehrfachen Reflexionen, oder durch „Korrekturplatten", die das Licht durchlaufen muss – dann allerdings mit dem Nachteil, dass die vollständige Farbreinheit aufgegeben wird. Siehe auch Abb. 4.6.

3.6.3 Bildfeldwölbung

In der Gauß-Näherung werden Gegenstandspunkte mit der Gegenstandsweite g in ihrer Bildebene mit $b = gf/(g - f)$ abgebildet, siehe Abschn. 3.3.2. Bei realen

---

[8] Fotoobjektive sind manchmal mit der Bezeichnung „aspherical" versehen. Sie besitzen dann also zumindest eine asphärische Linsenoberfläche.

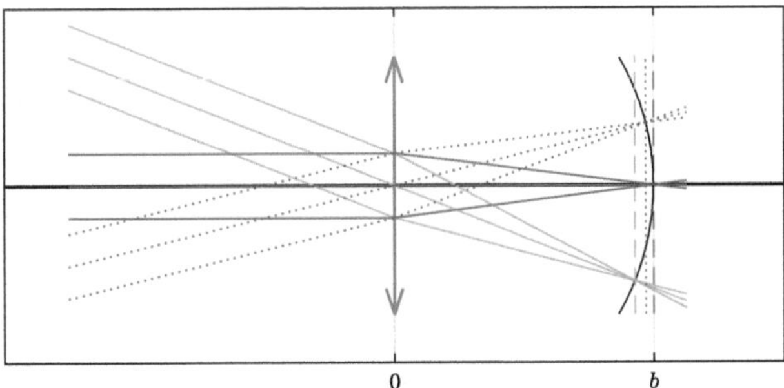

Abb. 3.15 Das Bildfeld einer sphärischen Sammellinse weist eine Wölbung zur Linse hin auf. Abhängig von der Lage eines Bildsensors werden unterschiedliche Bereiche scharf abgebildet

sphärischen Sammellinsen ist das Bildfeld jedoch keine perfekte Ebene, sondern es verläuft zur Linse hin gewölbt, siehe Abb. 3.15. Wird die Bildmitte auf einem Aufnahmesensor scharf abgebildet, ist das Bild zu den Rändern hin somit zunehmend unscharf. Durch Veränderung der Scharfeinstellung, d. h. durch Verschieben der Sensorebene, können andere Bildteile scharf gestellt werden, dann zulasten der Schärfe in der Bildmitte. Eine Unschärfe durch Bildfeldwölbung besitzt daher die typische Eigenschaft, dass sie „wegfokussiert" werden kann.[9]

3.6.4 Verzeichnung

Die bisher betrachteten Aberrationen machen sich mit potenziell unscharfer Abbildung bemerkbar. Unabhängig davon kann das Bild ausgehnter Gegenstände aber auch *Verzeichnung* aufweisen. Die Grundformen sind tonnen- oder kissenförmige Verzeichnung, siehe Abb. 3.16, die bei komplexen optischen Systemen aber auch „gemischt" auftreten können, d. h., es liegt dann kein für das gesamte Bildfeld einheitliches Verzeichnungsverhalten vor.

Bemerkung Verzeichnung ist insbesondere bei photogrammetrischen Anwendungen oder in der Architekturfotographie ein zu beachtender Faktor. Sie ist nicht zu verwechseln mit „stürzenden Linien", die auftreten, wenn eine Kamera geneigt wird, z. B. um ein hohes Gebäude vollständig zu fotografieren. Parallele, vertikal nach oben strebende Linien laufen dann im Bild aufeinander zu. Dieser rein perspektivische Effekt liegt am immer größer werdenden Abstand von der Kamera und tritt nicht auf, wenn die Kamera waagerecht gehalten wird. Verzeichnung bewirkt hingegen, dass die Linien nicht mehr gerade sind, sondern eine Biegung aufweisen.

---

[9] Manche Systeme besitzen explizit eine Bildfeldebnungslinse und sind manchmal auch entsprechend gekennzeichnet („field flattener").

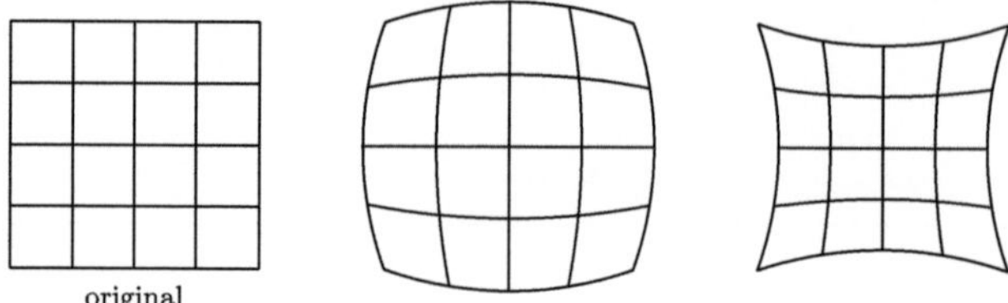

Abb. 3.16 Das Bild eines räumlich ausgedehnten Gegenstands kann tonnenförmige oder kissenförmige Verzeichnung aufweisen

Zusammenfassend kann man sicher sagen, dass die Konstruktion eines gut korrigierten optischen Systems im Hinblick auf die zahlreichen zu beachtenden Aberrationen ein komplexes Problem ist. Moderne Methoden beinhalten dabei auch ein computergestütztes „ray tracing", d. h. das präzise Verfolgen von Lichtstrahlen durch ein gegebenes optisches Design, für das mit bekannten Linsenformen und Glassorten letztlich nur das Brechungsgesetz mehrfach angewandt werden muss.[10]

Im Zusammenhang mit digitalen bildgebenden Systemen ist zu bemerken, dass Bildfehler teilweise auch softwareseitig im Postprocessing behoben werden können. Bei bekanntem Verzeichnungsverhalten des Objektivs kann Verzeichnung ohne Weiteres korrigiert werden, chromatische Aberration, die sich in Farbsäumen an hellen Kanten bemerkbar macht, kann verringert werden usw.

> **Bemerkung** Neben der optischen Korrektur haben Antireflexionsschichten eine große Bedeutung für die Leistung optischer Geräte, siehe Abschn. 5.1.2. Ferner ist zu bemerken, dass auch ein perfektes optisches System in seiner Auflösung durch die Beugung begrenzt bleibt, siehe Abschn. 5.2.2.

Das Wichtigste in Kürze

- Eine **sphärische Linse** besitzt kugelförmige Oberflächen. **Sammellinsen** sind in der Mitte dicker als am Rand, **Zerstreuungslinsen** sind am Rand dicker.
- Bei einer **dünnen Linse** kann ihre Dicke vernachlässigt werden und ihre Lage wird durch ihre Hauptebene gegeben. In der Gauß-Näherung besitzt sie einen **Brennpunkt** und ihre **Brechkraft** ergibt sich aus der **Linsenmachergleichung.**
- Bei der Abbildung durch eine Linse erfolgt die Konstruktion des Bilds anhand **ausgezeichneter Strahlen.** Dabei gilt die **Abbildungsgleichung.**

---

[10] Dies ist nicht zu verwechseln mit der „Matrizenoptik" aus Abschn. 3.5, die den Verlauf eines Strahls durch ein optisches System nur in der Gauß-Näherung wiedergibt.

- Es können **reelle** oder **virtuelle Bilder** entstehen; bei virtuellen Bildern sind die Strahlen rückwärtig zu verlängern.
- Wie bei einer Linse werden auch bei einem sphärischen **Hohlspiegel** achsparallel eintreffende Strahlen in der Gauß-Näherung im Brennpunkt vereinigt. Er erfüllt dieselbe Abbildungsgleichung wie dünne Linsen.
- Die Beschreibung eines **optischen Systems** kann durch **zwei Hauptebenen** und zwei Brennpunkte erfolgen. Ferner kann dem System eine **Abbildungsmatrix** zugeordnet werden, aus der sich seine Parameter und der Verlauf beliebiger Strahlen in der Gauß-Näherung berechnen lassen.
- Bei zwei dünnen Linsen direkt hintereinander addieren sich die Brechkräfte.
- Reale Linsen besitzen **Abbildungsfehler.** Wichtige Beispiele sind die **chromatische** und die **sphärische Aberration.**

Fernrohr 4

Ein Fernrohr ist ein optisches Gerät zur Sehwinkelvergrößerung bei der Betrachtung entfernter Objekte. In der Astronomie spricht man von Teleskopen, ein Fernrohr zur irdischen Beobachtung, das ein aufrechtes und seitenrichtiges Bild erzeugt, nennt man auch Spektiv und ein Fernglas ist nichts anderes als ein Doppelspektiv. Dabei besteht ein Linsenfernrohr im Prinzip aus zwei Linsen, Objektiv und Okular, und ggf. kommt noch ein Bildaufrichtungssystem hinzu. Zur astronomischen Beobachtung werden oft auch Spiegelteleskope verwendet, bei denen das Objektiv durch einen Hohlspiegel realisiert wird.

Express Die Sehwinkelvergrößerung eines optischen Geräts ist definiert als $\Gamma = \tan \omega_{v} / \tan \omega$. Ein Fernrohr besteht aus Objektiv und Okular und es ist $\Gamma = f_{Ob} / f_{Ok}$. Beim Kepler-Fernrohr liegt die Austrittspupille mit dem Durchmesser d / Γ außerhalb des Fernrohrs. Die Fokussierung auf unterschiedliche Beobachtungsabstände kann durch Verschieben des Okulars oder über Innenfokussierung erfolgen. Für ein aufrechtes und seitenrichtiges Bild benötigt ein Kepler-Fernrohr ein Bildaufrichtungsprisma.

4.1 Menschliches Auge

Das menschliche Auge funktioniert wie eine Kamera: Die Augenlinse ist eine Sammellinse, die ein reelles Bild auf der Netzhaut, also dem „Sensor" erzeugt, siehe Abb. 4.1.

© Der/die Autor(en), exklusiv lizenziert an Springer-Verlag GmbH, DE, ein Teil von Springer Nature 2026
J. Balla, *Optik*, https://doi.org/10.1007/978-3-662-72644-0_4

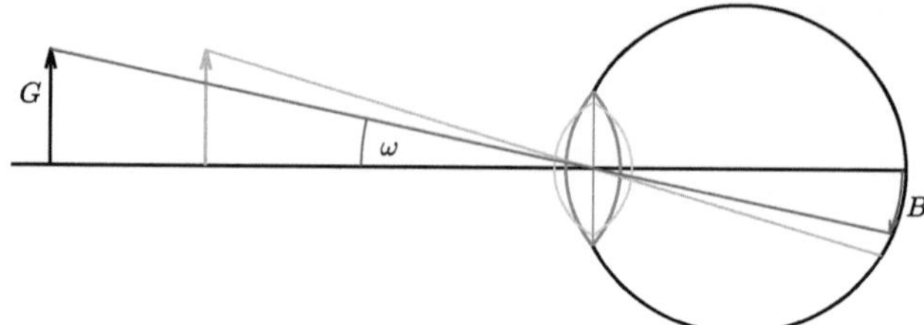

Abb. 4.1 Das menschliche Auge bildet mit seiner Sammellinse Gegenstände auf der Netzhaut ab. Sie erscheinen unter dem Sehwinkel ω, der sich aus ihrer Größe und ihrem Abstand von der Augenlinse ergibt. Damit Gegenstände in unterschiedlichen Abständen scharf abgebildet werden können, muss die Brechkraft der Augenlinse angepasst werden: Je dichter sie am Auge sind, umso größere Brechkraft ist erforderlich

Gegenstände im Unendlichen sieht das Auge entspannt scharf. Die Brennweite der Augenlinse entspricht dann ihrem Abstand zur Netzhaut, der bei etwa 24 mm liegt. Für Gegenstände, die dichter am Auge sind, muss für ein scharfes Bild die Brechkraft der Augenlinse erhöht werden. Der flexible Linsenkörper wird dazu muskulär zusammengedrückt, sodass die konvexen Außenflächen stärker gekrümmt werden, und man spricht von der *Akkomodation* des Auges. Sie ist bei jungen Erwachsenen bis ca. 10 cm Abstand möglich, aber recht anstrengend. Man geht daher in der Regel von einer *deutlichen Sehweite* $s_\mathrm{d} = 25$ cm aus, die – z. B. beim Lesen – dauerhaft akkomodiert werden kann.

> **Bemerkung** Die Akkomodationsfähigkeit ist individuell verschieden. Insbesondere lässt sie mit dem Alter nach und führt zur Altersweitsichtigkeit, die durch die zusätzliche Brechkraft einer Lesebrille ausgeglichen werden kann.

Sehwinkel

Ein Gegenstand G im Abstand g von der Augenlinse wird unter dem *Sehwinkel*

$$\tan \omega = \frac{G}{g} \tag{4.1}$$

wahrgenommen. Der *minimale Sehwinkel,* unter dem zwei eng beisammen liegende *Punkte* noch als getrennt wahrgenommen werden, beträgt beim Menschen etwa $\omega_\mathrm{min} \approx 1' = 1°/60$. Zwei eng beisammen liegende *Linien* lassen sich 3- bis 10-mal besser auseinanderhalten, sodass die sogenannte *Noniussehschärfe* bei ungefähr $10''$ liegt.

Mithilfe optischer Geräte kann der Sehwinkel, unter dem ein Objekt wahrgenommen wird, vergrößert werden. Die entsprechende *Sehwinkelvergrößerung* ist definiert als

$$\Gamma := \frac{\tan \omega_\mathrm{v}}{\tan \omega}, \tag{4.2}$$

wobei ω für den Sehwinkel ohne und ω_v für den Sehwinkel mit Gerät steht.

4.2 Lupe

Möchte man einen kleinen Gegenstand G deutlich sehen, bringt man ihn nah zum Auge. Der Winkel ω mit

$$\tan \omega = \frac{G}{s_\mathrm{d}} \tag{4.3}$$

ist der größtmögliche sinnvolle Sehwinkel mit bloßem Auge. Mit einer *Lupe*, d. h. mit einer Sammellinse, die so angeordnet wird, dass sich der zu betrachtende Gegenstand innerhalb ihrer Brennweite befindet, wird ein aufrechtes virtuelles Bild erzeugt, dessen Abstand zur Lupe größer ist als die Gegenstandsweite, siehe Abb. 4.2. Anstelle des Gegenstands wird mit der Lupe dieses virtuelle Bild betrachtet, d. h., wir haben

$$\tan \omega_\mathrm{v} = \frac{|B|}{|b|} = \frac{G}{g} \tag{4.4}$$

und somit die Sehwinkelvergrößerung

$$\Gamma = \frac{\tan \omega_\mathrm{v}}{\tan \omega} = \frac{G}{g} \frac{s_\mathrm{d}}{G} = \frac{s_\mathrm{d}}{g}. \tag{4.5}$$

Sie hängt ab vom Abstand g des Gegenstands von der Lupe und das Bild ist beobachtbar für Bildweiten $|b|$, die akkomodiert werden können. Mit entspanntem Auge und damit besonders angenehm lässt sich ein virtuelles Bild im Unendlichen betrachten. Dies ist der Fall für $g = f$ und führt auf die *Normalvergrößerung der Lupe*,

$$\Gamma_\mathrm{norm} = \frac{s_\mathrm{d}}{f}. \tag{4.6}$$

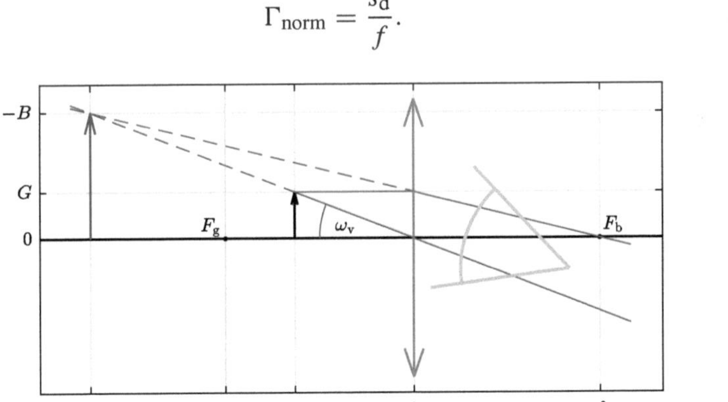

Abb. 4.2 Eine Lupe ist eine Sammellinse, bei der ein zu betrachtender Gegenstand innerhalb der Brennweite liegt. Sie erzeugt ein aufrechtes, virtuelles Bild im Abstand $|b| > g$, das betrachtet werden kann. Akkomodation ist bis $|b| = s_\mathrm{d}$ möglich, wobei die maximale Vergrößerung erreicht wird

Die *maximale Vergrößerung* ergibt sich für $b = -s_\mathrm{d}$, wenn das Bild also gerade noch akkomodiert werden kann. Dann ist

$$g = \frac{bf}{b - f} = \frac{-s_\mathrm{d}f}{-s_\mathrm{d} - f} = \frac{s_\mathrm{d}f}{s_\mathrm{d} + f} \tag{4.7}$$

und Gl. (4.5) ergibt

$$\Gamma_{\max} = s_\mathrm{d}\frac{s_\mathrm{d} + f}{s_\mathrm{d}f} = \frac{s_\mathrm{d} + f}{f}. \tag{4.8}$$

Bemerkung Technisch bestehen Lupen in der Regel aus einer Einzellinse oder aus einem achromatischen Dublett. Für kleine Brennweiten und hohe Vergrößerungen können auch aufwändigere Konstruktionen Verwendung finden.

Beispiel Die Linse einer Lupe mit 4-facher Normalvergrößerung besitzt wegen $\Gamma_{\mathrm{norm}} = s_\mathrm{d}/f$ die Brennweite $f = s_\mathrm{d}/\Gamma_{\mathrm{norm}} = 0{,}25\,\mathrm{m}/4 = 6{,}25\,\mathrm{cm}$ und die Brechkraft $D = 1/f = 16\,\mathrm{dpt}$. Die maximale Vergrößerung beträgt $\Gamma_{\max} = (s_\mathrm{d} + f)/f = (25 + 6{,}25)/6{,}25 = 5$.

4.3 Linsenfernrohr

Ein *Fernrohr* oder *Teleskop* ist ein optisches Gerät zur vergrößerten Wahrnehmung entfernter Objekte. Linsenfernrohre besitzen eine langbrennweitige Sammellinse als Objektiv. Beim *Kepler-Fernrohr*[1] wird eine kurzbrennweitige Sammellinse als Okular verwendet, während beim *Galilei-Fernrohr*[2] eine Zerstreuungslinse zum Einsatz kommt.

4.3.1 Kepler-Fernrohr

Bei Linsenfernrohren für terrestrische oder astronomische Beobachtungen handelt es sich in der Regel um Kepler-Fernrohre, d. h., sie besitzen ein Objektiv der Brennweite f_{Ob} und als Okular eine Sammellinse kleiner Brennweite f_{Ok}: Das Objektiv erzeugt eine reelles Zwischenbild im Fernrohrinneren, das mit dem Okular wie mit einer Lupe betrachtet wird. Für entspanntes Beobachten muss sich das Zwischenbild in

---

[1] Benannt nach dem deutschen Astronom, Physiker und Mathematiker Johannes Kepler, 1571–1630.
[2] Benannt nach dem italienischen Universalgelehrten Galileo Galilei, 1564–1642. Dieser Fernrohrtyp wird auch als *holländisches Fernrohr* bezeichnet.

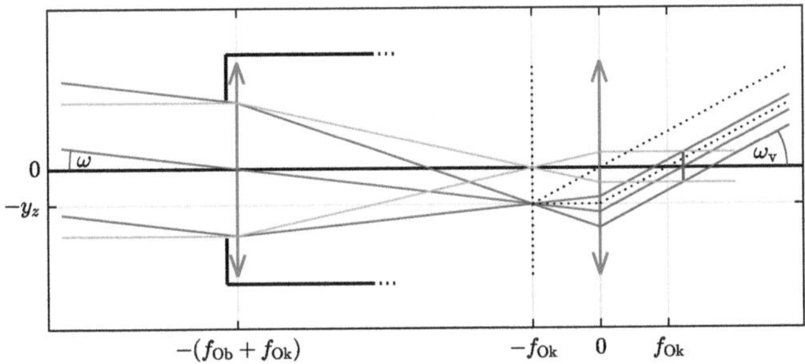

Abb. 4.3 Ein Kepler-Fernrohr besteht aus einem langbrennweitigen Objektiv und einem kurz-brennweitigen Okular. Das Objektiv erzeugt ein reelles Zwischenbild und das Okular ist so anzu-ordnen, dass sich das Zwischenbild in seiner Brennebene befindet. Die auslaufenden Strahlenbündel schneiden hinter der bildseitigen Brennebene des Okulars die optische Achse. Dort befindet sich die Austrittspupille des Fernrohrs

der Brennebene des Okulars befinden, d. h., für Gegenstände im Unendlichen beträgt der Abstand der beiden Fernrohrlinsen

$$e = f_{\text{Ob}} + f_{\text{Ok}} \tag{4.9}$$

und die Sehwinkelvergrößerung ist

$$\Gamma_{\text{Fernrohr}} = \frac{\tan \omega_{\text{v}}}{\tan \omega} = \frac{y_z / f_{\text{Ok}}}{y_z / f_{\text{Ob}}} = \frac{f_{\text{Ob}}}{f_{\text{Ok}}}, \tag{4.10}$$

siehe Abb. 4.3. Für nähere Gegenstände liegt eine etwas höhere Vergrößerung vor.

Beispiel Eine Fernrohr besitze ein Objektiv mit 360 mm Brennweite. Mit einem 20 mm-Okular wird dann die Vergrößerung $\Gamma = 360/20 = 18$ erreicht und mit einem 5 mm-Okular ist $\Gamma = 72$.

Bemerkung Ein Fernrohr ist ein Linsensystem aus zwei Linsen. Mit $e = f_{\text{Ob}} + f_{\text{Ok}}$ lässt sich die Gesamtbrennweite

$$f = \frac{f_{\text{Ob}} f_{\text{Ok}}}{f_{\text{Ob}} + f_{\text{Ok}} - e} = \infty \tag{4.11}$$

zuordnen, siehe Gl. (3.56). Dies spiegelt sich in der Tatsache wieder, dass ein parallel einlaufendes Lichtbündel in ein parallel auslaufendes überführt wird, sich die auslaufenden Strahlen also nicht (bzw. „im Unendlichen") schneiden. Das ist gleichbedeutend mit entspanntem Beobachten, da das Auge praktisch einen Gegenstand im Unendlichen sieht, also keine kleinere Entfernung akko-modiert werden muss.

Natürlich sind die beiden Komponenten eines Linsenfernrohrs – also das Objektiv und das Okular – selbst Systeme, die aus mehreren Linsen bestehen. Während für das langbrennweitige Objektiv ein achromatisches Dublett ausreichend sein kann, sind für das kurzbrennweitige Okular aufwändigere Konstruktionen erforderlich und es besteht in der Regel aus vier oder mehr Einzellinsen.

4.3.2 Sehfeld

Neben der Vergrößerung eines Fernrohrs ist sein nutzbares Sehfeld von praktischer Bedeutung, d. h. der Bereich, der mit dem Fernrohr überblickt werden kann. Das objektivseitige oder *objektive Sehfeld* kann als Winkel α angegeben werden oder als sichtbare Querstrecke q in einer gewissen Entfernung s. Dabei gilt

$$\tan\frac{\alpha}{2} = \frac{q/2}{s}. \tag{4.12}$$

Das objektive Sehfeld wird durch das Fernrohr in das *subjektive Sehfeld* überführt, das beim Blick ins Okular unter dem Winkel β erscheint, der sich aus der Vergrößerung des Fernrohrs ergibt als

$$\tan\frac{\beta}{2} = \Gamma \tan\frac{\alpha}{2}. \tag{4.13}$$

Das Sehfeld eines Kepler-Fernrohrs wird durch seine konkrete Bauform bestimmt. Das Objektiv mit seinem Tubus lässt Strahlen bis zu einem gewissen Winkel in seine Brennebene gelangen. Ebenso verhält es sich mit dem Okular, das seinerseits ebenso nur Strahlverläufe bis zu einem gewissen Sehwinkel verarbeiten kann.

Beispiel Das 360 mm-Objektiv eines Kepler-Fernrohrs erlaube objektive Sehwinkel bis $\alpha = 7°$, was in $s = 1000\,\text{m}$ Entfernung einer Querstrecke

$$q = 2\,s \tan\frac{\alpha}{2} = 2000\,\text{m} \cdot \tan 3{,}5° = 122\,\text{m} \tag{4.14}$$

entspricht. Der Durchmesser z des Zwischenbilds, das dieses Objektiv im Fernrohrinneren erzeugt, ergibt sich aus

$$\tan\frac{\alpha}{2} = \frac{z/2}{f_{\text{Ob}}}, \quad \text{d. h.} \quad z = 2 \cdot 360\,\text{mm} \cdot \tan 3{,}5° = 44\,\text{mm}. \tag{4.15}$$

Die maximalen subjektiven Sehwinkel, die mit diesem Objektiv theoretisch möglich sind, ergeben sich aus der Vergrößerung des Fernrohrs. Aus

$$\beta = 2 \arctan\left(\Gamma \tan\frac{\alpha}{2}\right) \tag{4.16}$$

erhalten wir für ein 20 mm-Okular mit $\Gamma = 18$ den Wert $\beta_{max} = 95°$ und für 5 mm und $\Gamma = 72$ haben wir $\beta_{max} = 154°$.

Da moderne Weitwinkelokulare Sehwinkel im Bereich von 80° besitzen, wird der Sehwinkel des Fernrohrs insgesamt hier durch das Okular beschränkt. Ein 80°-Okular mit 20 mm Brennweite entspricht dem objektiven Sehwinkel

$$\alpha = 2 \arctan\left(\frac{\tan(\beta/2)}{\Gamma}\right) = 2 \arctan\left(\frac{\tan 40°}{18}\right) = 5{,}34° \tag{4.17}$$

und beim 5 mm-Okular sind es

$$\alpha = 2 \arctan\left(\frac{\tan 40°}{72}\right) = 1{,}34°. \tag{4.18}$$

Die Durchmesser der mit diesen Okularen verwendeten Zwischenbildkreise erhalten wir analog zu Gl. (4.15):

$$z_{20} = 2 \cdot 360\,\text{mm} \cdot \tan(5{,}34°/2) = 33{,}6\,\text{mm} \qquad \text{bzw.}$$
$$z_5 = 2 \cdot 360\,\text{mm} \cdot \tan(1{,}34°/2) = 8{,}4\,\text{mm}. \tag{4.19}$$

Bemerkung Große Sehwinkel erfordern eine gute Korrektur von Objektiv und Okular, da sich die Strahlen mit größeren Winkeln zur optischen Achse weiter von der Gauß-Näherung entfernen. Ein 80°-Weitwinkelokular erfordert eine aufwändigere Konstruktion als ein entsprechendes 60°-Okular. Beim Objektiv kommt noch sein Durchmesser d bzw. seine Blendenzahl $Z = f/d$ als relevanter Faktor hinzu: Ein kleines Objektiv mit großer Brennweite (große Blendenzahl, „langes, dünnes Fernrohr") ist leichter zu korrigieren als ein großes Objektiv mit kleiner Brennweite (kleine Blendenzahl, „kurzes, dickes Fernrohr"). Ein Fernrohrobjektiv wird daher oft über sein *Öffnungsverhältnis* f/Z charakterisiert: So besitzt ein Objektiv mit $f/11$ eine Brennweite, die elfmal so groß ist wie sein Durchmesser, während sie bei $f/6$ nur sechsmal so groß ist.

4.3.3 Austrittspupille

Den Bereich, in dem sich die aus den unterschiedlichen Beobachtungswinkeln kommenden Lichtbündel nach dem Austritt aus dem Okular kreuzen, nennt man die *Austrittspupille* des Fernrohrs. Sie befindet sich im Abstand

$$a = \frac{f_{Ok}}{\Gamma} \tag{4.20}$$

hinter der bildseitigen Brennebene des Okulars, wie man sich anhand der Strahlverläufe in Abb. 4.3 klarmacht. Der Durchmesser p der Austrittspupille ergibt sich
mit Blick auf das achsparallel einlaufende Lichtbündel aus dem Durchmesser d des
Objektivs als

$$p = \frac{d}{\Gamma}. \tag{4.21}$$

Ein Fernrohr mit 60 mm-Objektiv besitzt bei 18-facher Vergrößerung also beispielsweise eine Austrittspupille mit einer Größe von $3,3$ mm.

Bei der Beobachtung mit dem Kepler-Fernrohr befindet sich die Augenpupille
idealerweise zentral in der Austrittspupillenebene. Auf diese Weise kann das gesamte
Sehfeld des Fernrohrs wahrgenommen werden, unabhängig davon, ob die Augenpupille größer oder kleiner als die Austrittspupille ist.

Bemerkung Die Austrittspupillenlage betrifft den Beobachtungskomfort mit
einem Fernrohr. Relevant ist dabei ihre Schnittweite, d. h. ihr Abstand von
der letzten Linsenfläche des Okulars. Bei kleiner Schnittweite muss das Auge
u. U. unangenehm dicht an das Okular herangeführt werden. Moderne Okulare
werden daher oft auch im Hinblick auf eine komfortabel große Pupillenschnitt-
weite konstruiert. Sie besitzen also eine entsprechende Lage der bildseitigen
Hauptebene.

4.3.4 Fokussierung

Werden Gegenstände in kleineren Abständen betrachtet, rückt das Zwischenbild weiter als f_{Ob} vom Objektiv weg. Zur Fokussierung muss dann der Abstand e zwischen
Objektiv und Okular so vergrößert werden, dass das Zwischenbild weiterhin in der
Brennebene des Okulars liegt. Fernrohre klassischer Bauart besitzen dazu einen Oku-
larauszug und bei der Fokussierung auf nähere Gegenstände „kommt" das Okular
dem Beobachter „entgegen".

Beispiel Wird mit einem 1000 mm-Objektiv ein Gegenstand in 100 m Entfernung
betrachtet, entsteht das Zwischenbild im Abstand

$$b = \frac{gf}{g - f} = \frac{100\,\text{m} \cdot 1\,\text{m}}{99\,\text{m}} = 1,0101\,\text{m} \tag{4.22}$$

vom Objektiv. Im Vergleich zur Unendlich-Einstellung muss das Okular zur
Fokussierung daher um $10,1$ mm nach hinten verschoben werden.

Eine alternative Möglichkeit ist die *Innenfokussierung,* bei der das Okular feststeht
und die Fokussierung über die Bewegung eines Teils des mehrlinsigen Objektivs

im Fernrohrinneren erfolgt, typischerweise in Form einer beweglichen Zerstreuungslinse hinter der eigentlichen Hauptlinse des Objektivs. Auf diese Weise werden Brennweite und Hauptebene des Objektivs verändert und es kann an die Beobachtungsentfernung angepasst werden. Dies ermöglicht ein Fernrohr mit feststehenden Außenlinsen, was z. B. vorteilhaft ist, wenn das Fernrohr wasserfest abgedichtet werden soll.

Beispiel Das Objektiv eines Fernrohrs bestehe aus einer Sammellinse mit der Brennweite $f_1 = 160\,\text{mm}$ und einer im Abstand Δ dahinter liegenden, beweglichen Zerstreuungslinse mit $f_2 = -1440\,\text{mm}$.[3] In Unendlich-Einstellung sei $\Delta = 20\,\text{mm}$. Wir haben hier die Situation aus Gl. (3.61) ff. vorliegen, d. h., das Objektiv besitzt damit die Brennweite $f = 177{,}2\,\text{mm}$, die sich auf die Hauptebene bei $h_\text{b} = 22{,}2\,\text{mm}$ bezieht, sodass sich seine Brennebene $175{,}0\,\text{mm}$ hinter der ersten Linse befindet. Das feststehende Okular ist also so angeordnet, dass seine Brennebene gleichermaßen in dieser Ebene liegt.

Zur Fokussierung werde nun der Abstand auf $\Delta = 30\,\text{mm}$ erhöht. Damit ändern sich die Eigenschaften des Objektivs: Wir haben jetzt

$$f_{30} = \frac{160\,\text{mm} \cdot (-1440\,\text{mm})}{160\,\text{mm} - 1440\,\text{mm} - 30\,\text{mm}} = 175{,}9\,\text{mm} \qquad (4.23)$$

und

$$h_\text{b}^{30} = \frac{30\,\text{mm} \cdot (-1440\,\text{mm})}{160\,\text{mm} - 1440\,\text{mm} - 30\,\text{mm}} = 33{,}0\,\text{mm}, \qquad (4.24)$$

siehe Gl. (3.56) und (3.57). Die Brennebene des Okulars liegt jetzt $175{,}0\,\text{mm}\,+$ $3{,}0\,\text{mm}$ hinter der Hauptebene H_b des Objektivs, das Fernrohr bildet also Gegenstände mit der Objektivbildweite $b = 178{,}0\,\text{mm}$ scharf ab. Dies entspricht der Gegenstandsweite

$$g = \frac{bf}{b - f} = \frac{178{,}0\,\text{mm} \cdot 175{,}9\,\text{mm}}{178{,}0\,\text{mm} - 175{,}9\,\text{mm}} = 14{,}9\,\text{m}. \qquad (4.25)$$

Mit dem Verstellweg von $10\,\text{mm}$ im Inneren dieses Fernrohrs können also Beobachtungsentfernungen von Unendlich bis ca. $15\,\text{m}$ scharf gestellt werden.

Bemerkung Die Innenfokussierung eines Fotoobjektivs kann auf dieselbe Weise erfolgen. Die fest vorgegebene Brennebene des Fernrohrokulars entspricht dort der Sensorebene.

---

[3] Die „Sammellinse", d. h. die Hauptlinse des Objektivs, ist bei einem echten Fernrohr selbst aus mehreren Linsen zusammengesetzt. Es handelt sich mindestens um ein achromatisches Dublett.

Soll das Fernrohr mit einem Fadenkreuz oder ähnlichem ausgestattet werden, kann eine entsprechende Strichplatte in der Brennebene des Okulars angebracht werden. Bei der Innenfokussierung behält sie eine feste Lage im Fernrohr.

4.3.5 Bildorientierung

Wie man sich anhand des Strahlengangs in Abb. 4.3 klarmacht, ist das Bild bei einem Kepler-Fernrohr *kopfstehend und seitenverkehrt*. Bei astronomischen Beobachtungen stellt dies normalerweise kein Problem dar und man verzichtet auf jedes weitere Element im Strahlengang.

Für terrestrische Beobachtungen ist ein richtig orientiertes Bild vorteilhaft. Zu diesem Zweck kann das Kepler-Fernrohr mit einem *Umkehrprisma* ausgestattet werden, das zwischen Objektiv und Okular liegt und durch mehrere interne Spiegelungen das Bild aufrichtet.[4] Hier gibt es viele unterschiedliche Bauformen, teilweise auch mit Abknicken des Strahlengangs um 45° oder 90°, um den Einblick für bestimmte Anwendungen zu erleichtern.

Beispiel: Fernglas
Ein Fernglas besteht aus zwei parallel nebeneinander angebrachten Fernrohren und ermöglicht damit beidäugiges Beobachten. Beide Rohre enthalten ein Bildaufrichtungsprisma, wobei es unterschiedliche Varianten gibt:

- Ein *Porro-Prisma*[5] besteht aus zwei im 90°-Winkel hintereinander liegenden Dreieckprismen, siehe Abb. 4.4. Die Bildaufrichtung wird dabei durch insgesamt vier Totalreflexionen an planen Flächen erreicht, wobei der Strahlengang seitlich versetzt wird. Es führt daher zu Ferngläsern, die objektivseitig breiter (oder bei umgekehrtem Einsatz schmaler) werden.
- Bei einem *Dachkantprisma* bildet eine Prismenseite eine 90°-„Dachkante", an der innen eine zweifache Reflexion stattfindet. Ein Dachkantprisma erlaubt die Bildumkehr ohne seitlichen Versatz des Strahlengangs. Dabei gibt es unterschiedliche Typen (Abbe-König, Schmidt-Pechan usw.), die sich im Detail voneinander unterscheiden. Zum Beispiel erfolgen beim Abbe-König-Prisma alle internen Reflexionen als Totalreflexionen, während beim Schmidt-Pechan eine Fläche verspiegelt werden muss, dafür erlaubt das Schmidt-Pechan-Prisma eine kompaktere Bauweise usw.

„Handferngläser" weisen typischerweise[6] Vergrößerungen im Bereich von 7- bis 10-fach und Objektivdurchmesser von 20 mm bis 56 mm auf und werden entsprechend

---

[4] Eine Bildaufrichtung kann auch durch weitere Linsen im Strahlengang erfolgen, wodurch sich allerdings die Baulänge des Fernrohrs vergrößert.

[5] Benannt nach Ignazio Porro, einem italienischen Ingenieur, 1801–1875.

[6] Es gibt durchaus Ferngläser mit höheren Vergrößerungen oder größeren Objektiven, wobei aufgrund der Handunruhe und/oder des Fernglasgewichts der Einsatz eines Stativs zunehmend vorteilhaft wird.

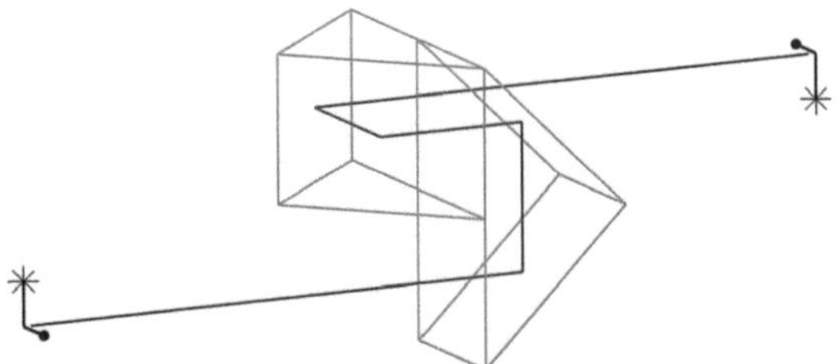

Abb. 4.4 Ein Porro-Prisma besteht aus zwei Dreieckprismen, die hintereinander im rechten Winkel zueinander angeordnet sind. Strahlen, die das Prisma passieren, werden viermal an planen Innenseiten reflektiert. Dabei werden rechts und links und oben und unten vertauscht

bezeichnet, also beispielsweise als 8×32 oder 10×56. Die Augenpupille kann sich bei jungen Menschen bis ca. 7 mm Durchmesser öffnen. Ein 56 mm-Objektiv besitzt somit das $(56/7)^2 = 64$-fache Lichtsammelvermögen des menschlichen Auges.

Beim Blick auf das Okular eines Fernglases erscheint in dessen Mitte die Austrittspupille als helle Kreisscheibe. Ihr Durchmesser hängt von Objektivdurchmesser und Vergrößerung ab, siehe Gl. (4.21), und ein 10×56-Glas weist beispielsweise eine Austrittspupille mit 5,6 mm Durchmesser auf. Wenn die Augenpupille des Beobachters größer oder gleich diesem Wert ist, kann die Leistung des Fernglases voll ausgenutzt werden. Bei Tagbeobachtungen besitzt die Augenpupille i. Allg. kleinere Werte, sodass Ferngläser mit kleineren Austrittspupillen ausreichend sind.

4.3.6 Galilei-Fernrohr

Das Galilei-Fernrohr folgt demselben Grundprinzip wie das Kepler-Fernrohr: Objektiv und Okular werden so angeordnet, dass die bildseitige Brennebene des Objektivs mit der gegenstandseitigen Brennebene des Okulars zusammenfällt, sodass Gl. (4.10) gültig bleibt. Allerdings besitzt das Galilei-Fernrohr eine Zerstreuungslinse als Okular, d. h., der Abstand $e = f_{\mathrm{Ob}} + f_{\mathrm{Ok}}$ ist kleiner als f_{Ob} und das Zwischenbild des Objektivs würde hinter der Okularlinse entstehen, siehe Abb. 4.5.

Das Galilei-Fernrohr ist kürzer als das Kepler-Fernrohr und ergibt direkt ein aufrechtes und seitenrichtiges Bild, benötigt also keine Bildaufrichtung. Daher besitzen kurze Ferngläser mit kleiner Vergrößerung manchmal diese Bauform, also „Operngläser" oder Fernglasbrillen. Im Unterschied zum Kepler-Fernrohr besitzt das Galilei-Fernrohr keine außen liegende Austrittspupille, sondern der Sehwinkel wird durch die Größe der Augenpupille beschränkt, was bei hohen Vergrößerungen nur kleine Sehwinkel zulässt.

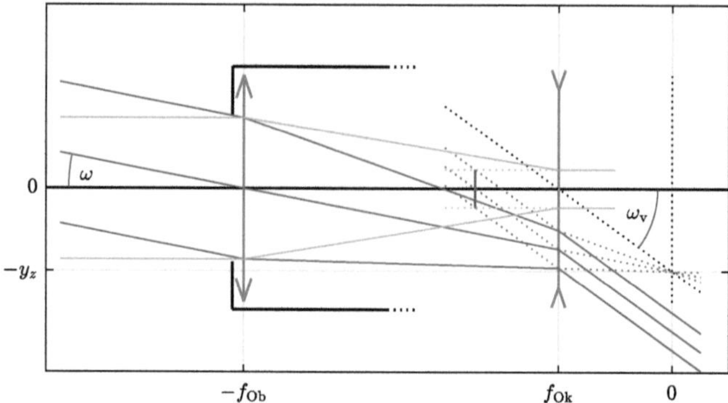

Abb. 4.5 Ein Galilei-Fernrohr besitzt eine Zerstreuungslinse als Okular. Es weist eine kürzere Bauform auf als ein Kepler-Fernrohr und erzeugt ein aufrechtes und seitenrichtiges Bild. Da seine Austrittspupille innerhalb des Fernrohrs liegt, wird sein nutzbares Sehfeld durch die Größe der Augenpupille beschränkt

> **Bemerkung** Das Galilei-Fernrohr wurde in Holland erfunden. Galileo Galilei baute es nach und verwendete es für astronomische Beobachtungen (um 1609). So gelang ihm beispielsweise die Entdeckung der vier „galileischen" Monde des Jupiter. Nach heutigen Maßstäben war sein aus zwei Einzellinsen bestehendes Fernrohr nicht sehr leistungsfähig. Zerstreuungslinsen waren in seiner Zeit schwieriger herzustellen als Sammellinsen und sein Fernrohr erlaubte bei etwa 14-facher Vergrößerung nur einen objektiven Sehwinkel von ungefähr einem Viertel Grad. Mit der Entwicklung des Kepler-Fernrohrs (um 1611) standen der Astronomie in der Folgezeit besser geeignete Geräte zur Verfügung.

4.4   Ausblick: Spiegelteleskope

Die Leistungsfähigkeit eines Fernrohrs wird wesentlich durch die Größe seines Objektivs bestimmt: Das Lichtsammelvermögen und die theoretisch mögliche Winkelauflösung, siehe Abschn. 5.2.2, nehmen mit der Objektivgröße zu. Da terrestrische Beobachtungen durch die Sicht in der Atmosphäre beschränkt werden, sind dafür „kleine" Linsenfernrohre ausreichend. Für astronomische Beobachtungen hingegen sind große Objektive wünschenswert, wobei die Möglichkeiten von Linsen aufgrund ihres Gewichts beschränkt sind: Das größte jemals gebaute Linsenteleskop besitzt ein Objektiv mit 102 cm Durchmesser.

Bei einem *Spiegelteleskop* wird statt einer Sammellinse ein Hohlspiegel bzw. eine Kombination aus mehreren Spiegelflächen als Objektiv verwendet. Sie ermöglichen im optischen Bereich Öffnungen von mehreren Metern und darüber hinaus, wobei der Hauptspiegel aus mehreren Segmenten zusammengesetzt sein kann. Aber auch für kleine Geräte mit Öffnungen im Bereich von etwa 100 mm aufwärts können

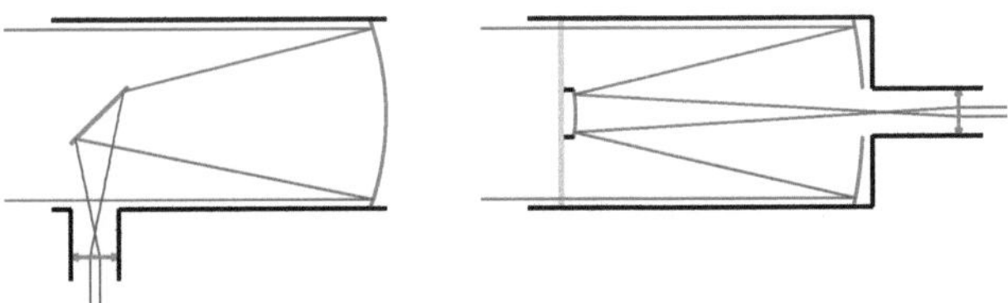

Abb. 4.6 Ein Newton-Teleskop besitzt einen sphärischen oder parabolischen Hauptspiegel und das Licht wird anschließend über einen Fangspiegel seitlich zum Okular geleitet. Beim Schmidt-Cassegrain-Teleskop wird das Licht vom sphärischen Hauptspiegel über einen konvexen zweiten Spiegel nach hinten durch den durchbohrten Hauptspiegel geführt, wobei die Eingangsöffnung mit einer kompliziert geformten Korrekturplatte versehen ist. Durch den gefalteten Strahlengang besitzt es eine längere Brennweite als gleich große Newton-Teleskope

Spiegelteleskop vorteilhaft sein, weil sie leichter und kostengünstiger herzustellen sind als Linsenfernrohre. Dabei gibt es eine Reihe unterschiedlicher Bauformen. Siehe Abb. 4.6.

> **Bemerkung** Das Hubble-Teleskop (1990) besitzt einen Hauptspiegel mit einem Durchmesser von 2,4 m. Natürlich ist es kein Teleskop für visuelle Beobachtungen, sondern letztlich eine Kamera mit diesem Objektiv. Obwohl es bereits terrestrische Teleskope mit Spiegeldurchmessern von 10 m oder mehr gab, erlaubte das Hubble-Teleskop zu seiner Zeit bahnbrechende Aufnahmen, weil es sich im Weltraum und damit außerhalb der Erdatmosphäre und ihrer Störeinflüsse befand.
>
> Auch die großen irdischen Teleskope, die sich durch ihr enormes Lichtsammelvermögen und entsprechende Vorteile bei der Beobachtung ausgedehnter, lichtschwacher Nebel auszeichnen, wurden in den Jahrzehnten nach 1990 entscheidend weiterentwickelt: Mit *adaptiven Optiken* können die atmosphärischen Störeinflüsse analysiert und über formveränderliche Spiegel im Strahlengang korrigiert werden. Auf diese Weise kommen auch irdische Teleskope nah an das aufgrund ihrer Öffnung theoretisch mögliche Auflösungsvermögen heran.

Das Wichtigste in Kürze

- Das **menschliche Auge** verwendet das Prinzip einer Kamera. Gegenstände im Unendlichen sieht das Auge entspannt scharf, kleinere Abstände erfordern eine **Akkomodation** der Augenlinse.
- Der **Sehwinkel,** unter dem ein Gegenstand vom menschlichen Auge wahrgenommen wird, hängt von dessen Entfernung vom Auge ab.
- Eine **Lupe** ist eine Sammellinse. Sie erlaubt es, den Sehwinkel naher Gegenstände zu vergrößern.

- Ein **Fernrohr** besteht aus einem **langbrennweitigen Objektiv** und einem **kurzbrennweitigen Okular,** wobei die Bildebene des Objektivs mit der Brennebene des Okulars zusammenfällt.
- Das **Sehfeld** eines Fernrohrs ist der Bereich, der beim Blick durch das Fernrohr übersehen werden kann. Das **objektive Sehfeld** erscheint durch das Fernrohr betrachtet unter einem größerem Winkel, der dem **subjektiven Sehfeld** entspricht.
- Die **Fokussierung** eines Fernrohrs auf unterschiedliche Entfernungen kann durch ein **Verschieben des Okulars** oder in Form einer **Innenfokussierung** erfolgen.
- Ein **Kepler-Fernrohr** erzeugt ein kopfstehendes und seitenverkehrtes Bild. Für ein richtig orientiertes Bild ist daher ein **Bildaufrichtungsprisma** erforderlich.
- Ein **Galilei-Fernrohr** besitzt eine Zerstreuungslinse als Okular und erzeugt ein seitenrichtiges und aufrechtes Bild.

Interferenz und Beugung 5

Wenn sich Lichtwellen gleicher Wellenlänge überlagern, können sie sich abhängig von ihrer relativen Phasenlage verstärken oder abschwächen und man spricht von Interferenz. Allerdings können Interferenzerscheinungen nur beobachtet werden, wenn die sich überlagernden Wellenzüge über längere Zeit eine konstante Phasendifferenz besitzen, d. h., bei kohärenten Wellen.

Auch die Beugung ist ein typisches Wellenphänomen, das aus der Überlagerung mehrerer Teilwellen resultiert: Eine ebene Welle, die durch ein Hindernis begrenzt wird, hält sich nicht an den geometrischen Schatten des Hindernisses. Die Beugung führt insbesondere zu einem begrenzten Auflösungsvermögen optischer Geräte.

> **Express** Konstruktive oder destruktive Interferenz zweier Wellenzüge hängt von ihrem Gangunterschied ab. Interferenz tritt nur auf, wenn der Gangunterschied nicht größer ist als die Kohärenzlänge. Eine $\lambda/4$-Schicht wirkt als Antireflexschicht. Für das erste Beugungsminimum hinter einem Spalt gilt $\sin \alpha_1 = \lambda/b$ und die Intensitätsverteilung wird gegeben durch $\frac{I}{I_0} = \frac{\sin^2(\Delta\varphi/2)}{(\Delta\varphi/2)^2}$. Die Winkelauflösung optischer Geräte wird begrenzt durch $\alpha \approx 1{,}22\,\lambda/d$. Ein Strichgitter kann zur Spektroskopie von Licht verwendet werden.

5.1 Interferenz

Wir betrachten zwei Lichtwellen, die aus einer gemeinsamen Lichtquelle stammend „getrennte Wege gehen" und anschließend zur Überlagerung kommen. Zur Analyse ihrer gegenseitigen Phasenlage sind ihre durchlaufenen optischen Weglängen L zu

© Der/die Autor(en), exklusiv lizenziert an Springer-Verlag GmbH, DE, ein Teil von Springer Nature 2026
J. Balla, *Optik*, https://doi.org/10.1007/978-3-662-72644-0_5

vergleichen, siehe Gl. (1.47), denn *gleiche optische Weglängen enthalten die gleiche Anzahl von Wellenlängen einer Lichtwelle.* Die Differenz der optischen Weglängen nennt man den *Gangunterschied* ΔL der beiden Wellen und aus ihm ergibt sich, in welcher Weise sich die Wellen überlagern. Zwei Fälle sind von besonderer Bedeutung:

- *Konstruktive Interferenz* tritt auf, wenn die beiden Wellen gleichgerichtet schwingen, wenn also Wellenberg auf Wellenberg und Wellental auf Wellental trifft. Dies ist der Fall, wenn für den Gangunterschied gilt

$$\Delta L = z\lambda_0, \qquad z = 0, \pm 1, \pm 2, \dots \tag{5.1}$$

Die Wellen verstärken sich dann maximal und man erhält *Interferenzmaxima,* siehe Abb. 5.1.

- *Destruktive Interferenz* tritt auf, wenn die beiden Wellen entgegengesetzt schwingen, wenn also Wellenberg auf Wellental trifft. Dies ist der Fall für

$$\Delta L = \left(z + \frac{1}{2}\right)\lambda_0, \qquad z = 0, \pm 1, \pm 2, \dots \tag{5.2}$$

Man hat es hier mit *Interferenzminima* zu tun. Sind die Amplituden der beiden interferierenden Wellen gleich, entsprechen sie einer vollständigen Auslöschung der Wellen.

Der Gangunterschied ΔL zweier Wellen entspricht einer *Phasendifferenz* $\Delta\varphi$: Es ist

$$\frac{\Delta L}{\lambda_0} = \frac{\Delta\varphi}{2\pi}, \qquad \text{d. h.} \qquad \Delta\varphi = \frac{2\pi}{\lambda_0}\Delta L. \tag{5.3}$$

Der Gangunterschied von $\lambda_0/2$ entspricht einer Phasendifferenz von $\Delta\varphi = \pi$ und man spricht dann von einer „gegenphasigen" Welle.

Beispiel Das sogenannte „noise cancelling" bei Kopfhörern basiert auf destruktiver Interferenz von Schallwellen: Der störende Geräuschhintergrund wird aufgenommen und analysiert und der Kopfhörer erzeugt einen „Gegenschall", also eine genau gegenphasige Kopie der Geräuschwelle. Ihre Überlagerung bedeutet dann insgesamt die Auslöschung der Störgeräusche.
Dazu muss die Elektronik des Kopfhörers ausreichend schnell sein: Wenn man davon ausgeht, dass zwischen dem Mikrophon, das die Störgeräusche aufnimmt, und dem Lautsprecher des Kopfhörers 1 cm Distanz vorliegen, benötigt der Schall für diese Strecke die Zeit

$$\Delta t \approx \frac{1\,\mathrm{cm}}{340\,\mathrm{m/s}} \approx 0{,}00003\,\mathrm{s}, \tag{5.4}$$

also etwa 0,03 ms. Innerhalb dieser Zeitspanne muss der Gegenschall erzeugt werden.

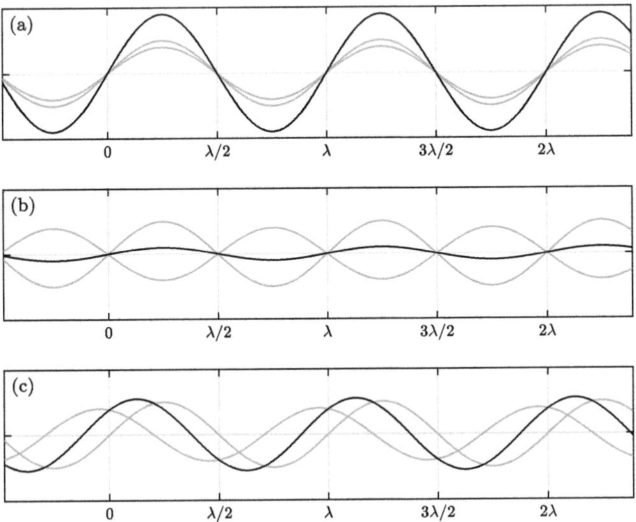

Abb. 5.1 Wenn sich zwei Wellen derselben Wellenlänge überlagern, hängt die resultierende Gesamtwelle vom Gangunterschied der Teilwellen ab. Trifft Wellenberg auf Wellenberg, tritt konstruktive Interferenz auf (a), bei Wellenberg auf Wellental erhält man destruktive Interferenz (b). Ebenso können auch dazwischenliegende Überlagerungen auftreten (c)

5.1.1 Kohärenz

Interferenzerscheinungen können nur auftreten, wenn die sich überlagernden Wellenzüge über längere Zeit eine konstante Phasendifferenz besitzen, d. h., wenn sie *kohärent* sind. Licht besteht aber aus einzelnen, separaten Wellenzügen, die untereinander nicht korreliert sind. Die typische Länge solcher Wellenzüge bezeichnet man als *Kohärenzlänge* – sie hängt von der Art des Lichts ab und entspricht den maximalen Gangunterschieden, bei denen noch Interferenzerscheinungen beobachtet werden können.

„Normales" weißes Licht, etwa Sonnenlicht, besitzt eine Kohärenzlänge von ungefähr 900 nm. Das Licht von Gasentladungslampen mit seinen Linienspektren kann Kohärenzlängen bis zu Dezimetern erreichen. Stabilisierte He-Ne-Laser senden annähernd monochromatisches Licht aus und erreichen Kohärenzlängen bis zu einigen Hundert Metern und besonders aufwändig konstruierte Laser können auch Kohärenzlängen von tausenden Kilometern besitzen.

Hintergrund Bei „echtem" Licht handelt es sich nicht einfach um eine unendlich lange, monochromatische Welle, mit der es idealisiert beschrieben wird. Vielmehr ist es aus kontinuierlichen Wellenlängen- bzw. Frequenzbändern zusammengesetzt. Die Überlagerung kontinuierlicher Frequenzbänder führt zu Wellenzügen endlicher räumlicher Ausdehnung und es ist eine Grundtatsache der Theorie der Fourier-Integrale, dass ein großer Frequenzbereich zu einem engen Ortsbereich führt und umgekehrt.

Weißes Sonnenlicht enthält mit dem kontinuierlichen Spektrum des sichtbaren Lichts einen weiten Frequenzbereich, was zu einem engen Ortsbereich seiner Wellenzüge führt, gleichbedeutend mit einer kleinen Kohärenzlänge. Gasentladungslampen hingegen erzeugen nur einzelne Linien, die dem Spektrum der beteiligten Atome entsprechen. Aber auch diese Linien weisen eine gewisse Breite auf, die sich etwa aus der thermischen Bewegung der Atome ergibt (Doppler-Effekt). Bei einem Laser („LASER" steht für „Light Amplification by Stimulated Emission of Radiation") wird der quantenmechanische Effekt der stimulierten Emission von Photonen genutzt, um ihre kohärente Abstrahlung zu erreichen. Auf diese Weise lässt sich Strahlung mit einer sehr geringen Linienbreite erzeugen, die dem Ideal einer monochromatischen Welle nahekommt.

5.1.2   Antireflexschichten

Fällt Licht annähernd senkrecht auf die Grenzfläche zweier Medien, beispielsweise aus Luft auf Glas oder umgekehrt, dringt ein Großteil des Lichts unter Brechung in das neue Medium ein, gleichzeitig wird aber auch ein Anteil R des Lichts reflektiert, der von den beteiligten Brechzahlen abhängt, siehe Gl. (2.4). Bei optischen Elementen sind diese Reflexionen unerwünscht, da sie die Transmission des Elements verringern und darüber hinaus zu störendem Streulicht führen.

Betrachten wir die Wirkung einer dünnen transparenten Schicht konstanter Dicke d und der Brechzahl n auf der Oberfläche eines optischen Elements mit der Brechzahl $n_E > n$: Einfallendes Licht tritt zunächst in die dünne Schicht ein, wobei ein Teil des Lichts reflektiert wird. Beim Übergang des transmittierten Lichts aus der dünnen Schicht in das Element wird erneut ein Teil des Lichts reflektiert. Diese beiden reflektierten Teilwellen überlagern sich mit dem Gangunterschied $2dn$, siehe Abb. 5.2.[1] Sie interferieren destruktiv, wenn ihr Gangunterschied $\lambda_0/2$ beträgt, also für

$$2dn = \frac{\lambda_0}{2} \tag{5.5}$$

und damit, wenn für die Dicke der Schicht gilt

$$d = \frac{\lambda_0}{4n}. \tag{5.6}$$

---

[1] Die Reflexion von Licht kann von Phasensprüngen begleitet sein, man spricht von „Reflexion am festen Ende". Mit der Bedingung $n < n_E$ können wir dies außer Acht lassen, da die beiden sich überlagernden Lichtwellen dann dieselben Phasensprünge aufweisen und sie somit für den Gangunterschied keine Rolle spielen.

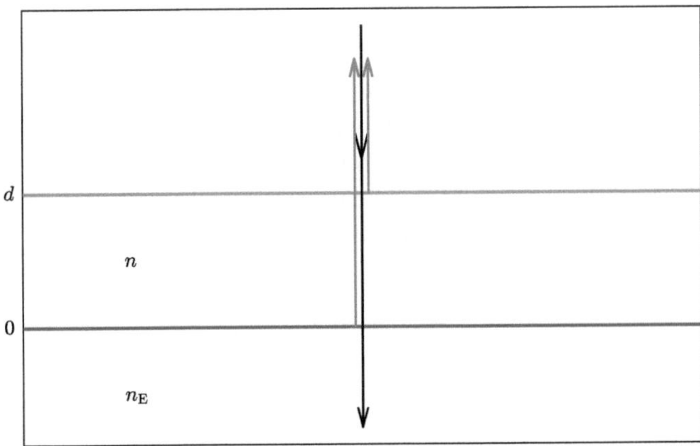

Abb. 5.2 Eine Lichtwelle trifft auf eine optische Oberfläche, die mit einer dünnen transparenten Schicht der Dicke d und Brechzahl n versehen ist. Ein Teil des Lichts wird beim Eintritt in die dünne Schicht reflektiert. Der transmittierte Teil des Lichts trifft auf die zweite Grenzfläche, an der erneut ein Teil des Lichts reflektiert wird. Die beiden reflektierten Teilwellen überlagern sich mit dem Gangunterschied $2dn$. (Nicht dargestellt ist, dass beim Austritt der Welle aus der dünnen Schicht wieder teilweise Reflexion stattfindet.)

Man spricht von „$\lambda/4$-Schichten".[2] Sie unterdrücken Reflexionen durch destruktive Interferenz und wirken somit als *Antireflexschicht*.

Da eine Schicht nur für „ihre" Wellenlänge gut funktioniert, enthalten moderne Antireflexschichten in optischen Geräten bis zu einigen Dutzend Einzelschichten, die darauf abzielen, das gesamte Lichtspektrum abzudecken.[3]

Bemerkung Beim Betrachten einer optischen Oberfläche machen sich Antireflexschichten manchmal durch einen grünen oder violetten Schimmer auf den Linsenflächen bemerkbar. Diese Farben kommen dadurch zustande, dass dem reflektierten Licht einige Wellenlängen fehlen. Im Idealfall „sieht" man die optische Oberfläche gar nicht mehr.

Das Aufbringen von Schichten, die eine konstante Dicke von $\lambda_0/4n$ besitzen, ist technologisch eine anspruchsvolle Aufgabe; schließlich hat man es mit Schichtdicken von etwa $0,1\,\mu$m zu tun. Die Techniken dazu, etwa durch Aufdampfen, wurden in den 1950er Jahren entwickelt und seitdem immer weiter verbessert. Die Wechselwirkungen mehrerer Schichten miteinander sind aufgrund der vielen auftretenden und sich überlagernden Teilreflexionen durchaus komplexer Natur.

---

[2] Es ist $\lambda_0/4n = (\lambda_0/n)/4 = \lambda/4$, siehe Gl. (1.35). Eine $3\lambda/4$-Schicht hätte theoretisch dieselbe Wirkung wie eine $\lambda/4$-Schicht, läuft aber auf einen Gangunterschied von $3\lambda/2$ hinaus, der bereits oberhalb der Kohärenzlänge für weißes Licht liegen kann.

[3] Manchmal sind optische Geräte entsprechend gekennzeichnet, z. B. als „Fully Multi-Coated", „FMC" oder durch die Produktbezeichnung der speziellen Beschichtung eines Herstellers.

Beispiel Ein Fernglas besitze zwei Objektiv- und vier Okularlinsen und ein Bildaufrichtungsprisma. Licht, das durch das Fernglas läuft, muss somit 14 Luft-Glas- bzw. Glas-Luft-Übergänge hinter sich bringen. Wenn wir davon ausgehen, dass seine optischen Elemente im Mittel die Brechzahl $n = 1{,}5$ besitzen, gleichbedeutend mit einem Reflektionskoeffizienten von $R = 4\,\%$, gelangen ohne Antireflexschichten

$$(1 - R)^{14} = 0{,}96^{14} = 56{,}5\,\% \tag{5.7}$$

des eintreffenden Lichts auf direktem Weg durch das Fernglas (der Rest liegt als Streulicht vor).

Hochwertige moderne Ferngläser besitzen dank ihrer Antireflexschichten eine Gesamttransmission von etwa 90 %. Eine einzelne Grenzschicht muss dafür mindestens

$$\sqrt[14]{0{,}9} = 99{,}25\,\% \tag{5.8}$$

des Lichts passieren lassen. Natürlich ist dies nur eine grobe Abschätzung, bei der insbesondere der Lichtverlust durch die Lichtwege im Glas unberücksichtigt blieb. Die tatsächliche Leistung moderner Antireflexschichten liegt deutlich über dem Wert (5.8).

Bemerkung Man mag sich fragen, inwiefern bei einer Antireflexschicht zunächst zwei Teilwellen reflektiert werden, um dann – bei perfekter Wirkung der Schicht – letztendlich gar keine Reflexionen zu haben. Dazu ist generell festzuhalten, dass die Lichtwelle nur eine Modellvorstellung des komplexen Phänomens „Licht" ist. Licht besteht letztlich aus einem Strom von Photonen, deren quantenmechanische Beschreibung in Form von Wahrscheinlichkeitsfunktionen für das Antreffen von Photonen erfolgt. In diesem Bild führt die Überlagerung der reflektierten Wahrscheinlichkeitsfunktionen bei einer Antireflexschicht auf eine sehr kleine Wahrscheinlichkeit, ein reflektiertes Photon anzutreffen.

5.1.3   Michelson-Interferometer

Bei einem *Michelson-Interferometer*[4] wird Interferenz genutzt, um sehr genaue Längenmessungen durchzuführen: Ein Laserstrahl wird auf einen um 45° geneigten halbdurchlässigen Spiegel geschickt, der den Strahl in zwei Teile zerlegt. Ein Teil wird

---

[4] Benannt nach dem amerikanischen Physiker Albert A. Michelson, 1852–1931.

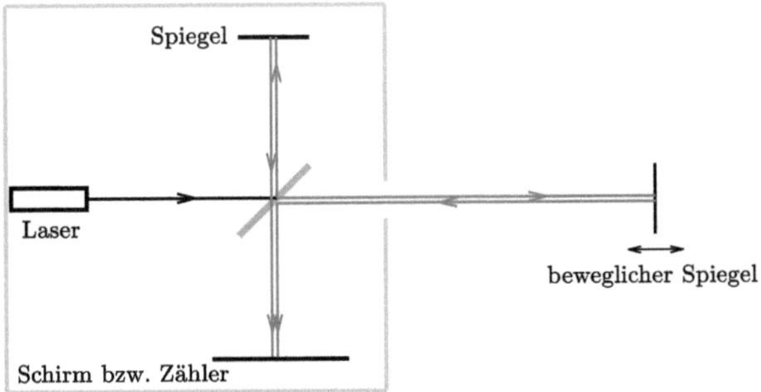

Abb. 5.3 Beim Michelson-Interferometer wird ein Laserstrahl durch einen halbdurchlässigen Spiegel in zwei Teile zerlegt. Ein Teil wird von einem festen Spiegel reflektiert und der andere von einem beweglichen Spiegel. Beide interferieren und das Interferenzmuster kann auf einem Schirm beobachtet werden. Ein Verstellweg s des beweglichen Spiegels bewirkt eine Veränderung $2s$ des Wegunterschieds zwischen den beiden Teilwellen

von einem festen Spiegel zurückreflektiert, der andere Teil von einem beweglichen Spiegel und beide Teilwellen kommen anschließend zur Interferenz, die auf einem Schirm beobachtet werden kann, siehe Abb. 5.3. Mit dem Verstellweg s des beweglichen Spiegels ändert sich der Wegunterschied der beiden Teilwellen wegen des Hin- und Rückwegs um $2s$. Somit bewirkt ein Verstellweg von $\lambda/4$ einen Wegunterschied von $\lambda/2$ und damit den Wechsel von konstruktiver zu destruktiver Interferenz (oder umgekehrt), also einen Hell-dunkel-Wechsel im Zentrum des Interferenzmusters auf dem Schirm. Ist die Wellenlänge des Lasers bekannt, kann somit durch Zählen der Hell-dunkel-Wechsel der Verstellweg s des beweglichen Spiegels mit einer Genauigkeit von etwa $\lambda/4$ bestimmt werden.

In technischen Anwendungen werden die Hell-dunkel-Wechsel elektronisch gezählt. Auf diese Weise können auch viele Millionen Wechsel erfasst und damit makroskopische Distanzen mit sehr hoher Genauigkeit gemessen werden.

Beispiel Ein Michelson-Interferometer, in dem ein He-Ne-Laser mit einer Wellenlänge von 632,8 nm verwendet wird, werde zur Überprüfung einer Nivellierlatte verwendet. Dazu befindet sich der bewegliche Spiegel auf einem Schlitten, mit dem verschiedene Punkte der Nivellierlatte angefahren werden können. Der Abstand zweier Markierungen werde gemessen und dabei 3 160 557 Hell-dunkel-Wechsel gezählt. Da ein Hell-dunkel-Wechsel einem Verstellweg von $\lambda/4$ entspricht, ist die Länge der gemessenen Strecke

$$s = 3\,160\,557 \cdot \frac{632{,}8 \cdot 10^{-9}\,\mathrm{m}}{4} = 50{,}0000117\,\mathrm{cm}. \tag{5.9}$$

Die theoretische Genauigkeit der Messung kann man mit

$$\lambda/4 \approx 160\,\mathrm{nm} = 0{,}16\,\mu\mathrm{m} = 0{,}000016\,\mathrm{cm} \tag{5.10}$$

annehmen, sodass wir

$$s = (50{,}000012 \pm 0{,}000016)\,\mathrm{cm} \tag{5.11}$$

als Ergebnis festhalten können.

Tatsächlich wird sich diese hohe theoretische Genauigkeit in der Praxis nicht erreichen lassen, weil andere Fehlereinflüsse vorliegen. Zunächst muss die Wellenlänge des Lasers sehr genau bekannt sein (wobei Lufttemperatur und -druck eine Rolle spielen), der Ablesevorgang der Markierungen ist mit Fehlern behaftet usw.

> **Bemerkung** Beim Michelson-Interferometer interferieren je nach Anwendung Teilwellen mit Wegunterschieden bis zu einigen Metern oder darüber hinaus. Der verwendete Laser muss daher eine ausreichend große Kohärenzlänge besitzen.

5.2   Beugung am Spalt

Wenn Licht in Form einer ebenen Welle auf einen Spalt trifft, überlagern sich hinter dem Spalt nur die Elementarwellen, die von der Spaltfläche ausgehen. Das „Ausblenden" des Rests der ebenen Welle führt zum Phänomen der *Beugung,* d. h., das Licht tritt auch in den geometrischen Schatten des Spalts ein und es treten typische Beugungsmuster auf. In Richtung α hinter einem Spalt der Breite b weisen die oberste und die unterste Elementarwelle den Wegunterschied

$$\Delta s = b\,\sin\alpha \tag{5.12}$$

auf, siehe Abb. 5.4. Er entspricht dem maximalen Gangunterschied $\Delta L = n\,\Delta s$, der in dieser Richtung auftritt. Betrachten wir einige spezielle Richtungen:

(0) Für $\alpha = 0$ ist der Gangunterschied zwischen allen Elementarwellen gleich 0. Sie überlagern sich daher konstruktiv und ergeben ein zentrales Beugungsmaximum.

(1) Die nächste klare Situation liegt bei $\Delta s = \lambda$ vor: Wir teilen das Lichtbündel gedanklich in zwei gleich breite Teilbündel. Dann besitzt jede Elementarwelle aus dem oberen Bündel eine Partnerelementarwelle aus dem unteren Bündel, zu der sie einen Wegunterschied von $\lambda/2$ aufweist. Wir haben daher jeweils destruktive Interferenz und in dieser Richtung liegt das erste Beugungsminimum, siehe Abb. 5.4.

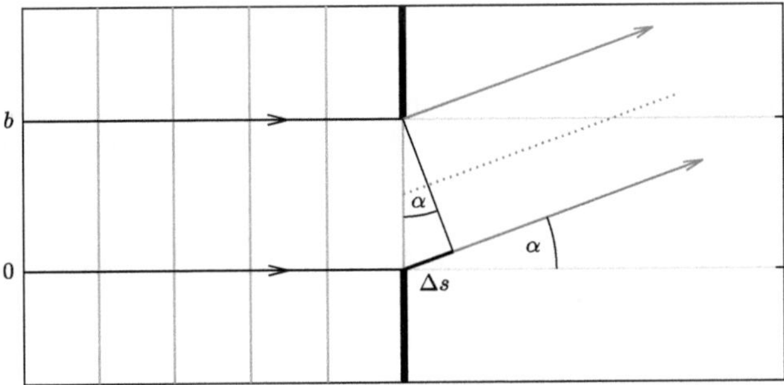

Abb. 5.4 Eine ebene Welle trifft auf einen Spalt der Breite b. Hinter dem Spalt überlagern sich nur noch die Elementarwellen, die von der Spaltfläche ausgehen. In Richtung α beträgt der Wegunterschied zwischen der obersten und der untersten Elementarwelle $\Delta s = b \sin \alpha$. Ist speziell $\Delta s = \lambda$, kann das Licht gedanklich in zwei gleich breite Teilbündel aufgeteilt werden: Jede Elementarwelle aus dem oberen Bündel besitzt dann eine Partnerin aus dem unterem Bündel mit einem Wegunterschied von $\lambda/2$

(2) Für $\Delta s = 2\lambda$ haben wir erneut eine Situation wie bei (1): Das Lichtbündel wird jetzt gedanklich in Viertel aufgeteilt. Jede Elementarwelle aus dem ersten Viertel findet eine Partnerin im zweiten und jede aus dem dritten Viertel eine Partnerin im vierten, sodass sie jeweils den Wegunterschied $\lambda/2$ aufweisen und wir erneut ein Minimum erhalten. Bei $\Delta s = 3\lambda$ teilt man das Bündel in Sechstel auf usw.

Wir haben somit für die Beugung am Spalt die folgende Situation: Bei $\alpha = 0$ liegt das *zentrale Hauptmaximum*. Es wird begrenzt durch die ersten Minima unter dem Winkel α_1 mit

$$\sin \alpha_1 = \pm \frac{\lambda}{b}. \tag{5.13}$$

Allgemein finden sich Minima bei Winkeln α_z mit

$$\sin \alpha_z = z\,\frac{\lambda}{b}, \quad z = \pm 1, \pm 2, \pm 3, \ldots \tag{5.14}$$

Zwischen den Minima höherer Ordnung liegen Nebenmaxima. Sie sind nur halb so breit wie das Hauptmaximum.

Bemerkung Die Beugungswinkel hängen der Breite des Spalts ab und werden umso größer, je schmaler der Spalt ist. Beim Durchgang von Licht durch eine Tür mit $b \approx 1$ m und $\alpha_1 \approx 10^{-6}$ sind sie so klein, dass Beugungseffekte keine Rolle spielen, bei Spaltbreiten in der Größenordnung der Lichtwellenlänge werden sie hingegen bedeutsam.

5.2.1 Intensitätsverteilung

Im Lichtbündel in Richtung α hinter dem Spalt besitzen die sich überlagernden Teilwellen den maximalen Wegunterschied (5.12), gleichbedeutend mit der maximalen Phasendifferenz

$$\Delta\varphi = \frac{2\pi}{\lambda_0}\Delta L = \frac{2\pi}{\lambda_0}\,n\,\Delta s = \frac{2\pi}{\lambda}\Delta s = \frac{2\pi}{\lambda}\,b\sin\alpha. \tag{5.15}$$

Es überlagern sich also Teilwellen der Form

$$E_\varphi = E_0\sin(\omega t - kx + \varphi), \tag{5.16}$$

wobei φ alle Werte zwischen 0 und $\Delta\varphi$ annimmt, zum integralen Mittelwert

$$\begin{aligned}
E_{\Delta\varphi} &= \frac{E_0}{\Delta\varphi}\int_0^{\Delta\varphi}\sin(\omega t - kx + \varphi)\,\mathrm{d}\varphi \\
&= \frac{E_0}{\Delta\varphi}\left[\cos(\omega t - kx) - \cos(\omega t - kx + \Delta\varphi)\right].
\end{aligned} \tag{5.17}$$

Für den Ausdruck in eckigen Klammern verwenden wir die trigonometrische Identität

$$\cos x - \cos y = 2\sin\frac{x+y}{2}\sin\frac{y-x}{2} \tag{5.18}$$

und erhalten

$$\begin{aligned}
E_{\Delta\varphi} &= \frac{E_0}{\Delta\varphi}\left[2\sin\frac{2(\omega t - kx) + \Delta\varphi}{2}\sin\frac{\Delta\varphi}{2}\right] \\
&= E_0\frac{\sin(\Delta\varphi/2)}{\Delta\varphi/2}\sin\left(\omega t - kx + \frac{\Delta\varphi}{2}\right).
\end{aligned} \tag{5.19}$$

Die Amplitude der Gesamtwelle in der durch $\Delta\varphi$ vorgegebenen Richtung ist somit

$$E = E_0\frac{\sin(\Delta\varphi/2)}{\Delta\varphi/2}, \tag{5.20}$$

d. h., wir haben als *Intensitätsverteilung am Spalt*

$$\frac{I}{I_0} = \frac{\sin^2(\Delta\varphi/2)}{(\Delta\varphi/2)^2}, \qquad \Delta\varphi/2 = \frac{\pi b}{\lambda}\sin\alpha, \tag{5.21}$$

wobei I_0 für die Intensität der einlaufenden Welle steht. Der Verlauf der Intensitätsverteilung ist in Abb. 5.5 wiedergegeben. Auffällig ist das dominante Hauptmaximum, das durch die beiden Minima erster Ordnung begrenzt wird, während die Nebenmaxima eine untergeordnete Rolle spielen.

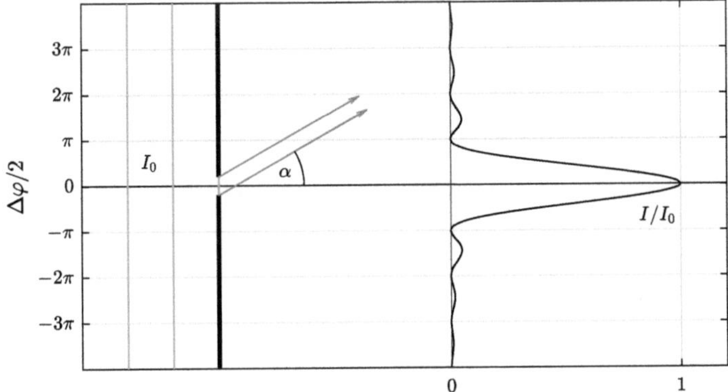

Abb. 5.5 Dargestellt ist die Intensitätsverteilung I/I_0 der Beugung am Spalt, wobei I_0 für die Intensität der einlaufenden Welle steht. Die Richtung α hinter dem Spalt ergibt sich aus $\Delta\varphi/2 = \frac{\pi b}{\lambda} \sin\alpha$. Auffällig ist das dominante zentrale Hauptmaximum

Bemerkung Die Intensitätsverteilung hinter einem „unendlich" langen Spalt der Breite b hängt nur von einer Richtung ab und kann durch eindimensionale Integration ermittelt werden. Der allgemeine Fall der Beugung an einer beliebigen Öffnung ist komplizierter und erfordert die Integration über die Fläche der Öffnung, um die Überlagerung der Teilwellen in einem Raumpunkt hinter der Öffnung zu erhalten. Für die Form eines Rechtecks mit der Breite b_1 und der Höhe b_2 ergibt sich dabei das plausible Ergebnis

$$\frac{I}{I_0} = \frac{\sin^2(\Delta\varphi_1/2)}{(\Delta\varphi_1/2)^2} \frac{\sin^2(\Delta\varphi_2/2)}{(\Delta\varphi_2/2)^2}, \qquad \Delta\varphi_{1,2}/2 = \frac{\pi b_{1,2}}{\lambda} \sin\alpha_{1,2}. \tag{5.22}$$

Bei einer kreisförmigen Lochblende mit dem Durchmesser d hat man es mit einem rotationssymmetrischen Problem zu tun. Die entsprechende Integration ist hier komplizierterer Natur und führt auf das Ergebnis

$$\frac{I}{I_0} = \left[\frac{2J_1\left(\frac{\pi d}{\lambda}\sin\alpha\right)}{\frac{\pi d}{\lambda}\sin\alpha} \right]^2, \tag{5.23}$$

wobei J_1 für die Bessel-Funktion erster Ordnung steht.[5] Der Verlauf dieser Intensitätsverteilung ähnelt Abb. 5.5. Die erste Nullstelle der Bessel-Funktion J_1 liegt beim Argument $3{,}83$ und wir haben dann

$$\sin\alpha = \frac{3{,}83}{\pi} \frac{\lambda}{d} = 1{,}22 \frac{\lambda}{d}. \tag{5.24}$$

---

[5] Die Intensitätsverteilung hinter einer Lochblende wurde erstmals hergeleitet vom englischen Mathematiker und Astronom George Biddell Airy, 1801–1892.

5.2.2   Auflösungsvermögen optischer Geräte

Das theoretisch mögliche Auflösungsvermögen optischer Geräte wird durch die Beugung begrenzt: Denken wir uns eine punktförmige Lichtquelle, beispielsweise einen Stern. Das Licht des Sterns erreicht die Erde als ebene Welle. Diese Welle gelangt durch eine normalerweise kreisrunde Öffnung in ein optisches Gerät, z. B. die Pupille des Auges, die Blendenöffnung einer Kamera oder die eines Teleskops, wo sie auch mehrere Meter Durchmesser haben kann. In jedem Fall aber findet an der endlichen Lochblende Beugung statt und die ebene Welle des Sterns wird rotationssymmetrisch zu einem auseinanderlaufenden „Lichtbüschel" aufgeweitet. Für die Lage des ersten Minimums und damit für die Begrenzung des zentralen Hauptmaximums gilt dabei

$$\sin\alpha = 1{,}22\,\frac{\lambda}{d}, \tag{5.25}$$

siehe Gl. (5.24), was sich für kleine Winkel α vereinfacht zu

$$\alpha \approx 1{,}22\,\frac{\lambda}{d}. \tag{5.26}$$

Auf einem Schirm oder einem Sensor hinter der Blende entsteht somit im Zentrum des Beugungsmusters ein kreisförmiger Fleck – man spricht vom *Beugungsscheibchen* oder *Airy-Scheibchen* –, dessen Größe durch den Winkel (5.26) und den Abstand von der Blende festgelegt wird. Dieses zentrale Maximum ist von Nebenmaxima in Form konzentrischer Ringe umgeben.

Bei einem Fotoobjektiv mit der Brennweite f befindet sich der Sensor im Abstand f hinter der Blende, deren Größe durch die Blendenzahl $Z = f/d$ angegeben wird, siehe Gl. (3.26). Das Objektiv erzeugt somit auf dem Sensor ein Beugungsscheibchen mit dem Durchmesser

$$a \approx 2\alpha f \approx 2{,}44\,\frac{\lambda f}{d} = 2{,}44\lambda\,Z, \tag{5.27}$$

d. h., seine Größe wird von der Blendenzahl bestimmt.

Beispiel Die Kamera eines Smartphones mit der Blendenzahl 1,7 erzeugt für sichtbares Licht das größte Beugungsscheiben bei $\lambda = 0{,}8\,\mu$m mit dem Durchmesser

$$a = 2{,}44\lambda\,Z \approx 2Z\,\mu\text{m} = 3{,}4\,\mu\text{m}. \tag{5.28}$$

Zum Vergleich: Wenn wir von einem 4 mm × 3 mm großen Sensor mit 12 Megapixeln ausgehen, besitzt ein Pixel eine Kantenlänge von $1\,\mu$m und der 2×2-Pixelblock eines Bayer-Sensors somit eine Kantenlänge von $2\,\mu$m.

Beobachtet man zwei dicht beieinander stehende Punktlichtquellen, erzeugen beide ein Beugungsscheibchen. Man geht davon aus, sie gerade noch als getrennte Objekte

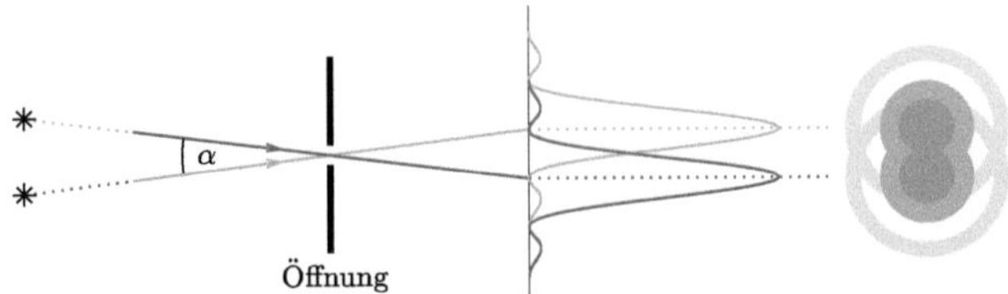

Abb. 5.6 Trifft das Licht zweier dicht benachbarter Punktlichtquellen in ein optisches Gerät, werden durch die Beugung an der Öffnung zwei Beugungsbilder erzeugt. Man geht davon aus, dass sich die beiden Punkte noch als getrennt wahrnehmen lassen, wenn das Zentrum des einen Beugungsbilds auf das erste Minimum des anderen Beugungsbilds fällt

wahrnehmen zu können, wenn das Zentrum des einen Beugungsscheibchens auf dem ersten Minimum des anderen Beugungsbilds liegt, siehe Abb. 5.6. Gl. (5.26) gibt daher das *theoretisch maximal mögliche Winkelauflösungsvermögen* eines optischen Geräts mit der Öffnung d an. *Je größer die Öffnung ist, desto besser ist das theoretisch mögliche Auflösungsvermögen.*

Natürlich hängt das tatsächliche Auflösungsvermögen eines optischen Geräts noch von einer Reihe anderer Parameter ab, beispielsweise von der Qualität der optischen Abbildung oder den Sichtverhältnissen in der Atmosphäre, sodass die Winkelauflösung (5.26) die theoretisch mögliche Obergrenze angibt.

Bemerkung Das Auflösungsvermögen (5.26) bezieht sich auf die Trennung zweier Punktlichtquellen. Zwei eng beisammen liegende Linien können besser auseinander gehalten werden und bezüglich dieser Aufgabe kann ein optisches Gerät u. U. eine höhere Winkelauflösung erzielen.

Beispiel Das Hubble-Teleskop hat mit seinem 2,4 m-Hauptspiegel bei $\lambda = 600\,\text{nm}$ ein theoretisches Auflösungsvermögen von

$$\alpha_{\text{Hubble}} = 1{,}22 \cdot \frac{600 \cdot 10^{-9}\,\text{m}}{2{,}4\,\text{m}} = 3{,}05 \cdot 10^{-7}\,\text{rad} \approx 0{,}06''. \tag{5.29}$$

Es bleibt im gesamten Spektrum des sichtbaren Lichts unter einer Zehntel Bogensekunde und diese Leistung kann mit den perfekten Sichtbedingungen im Weltall tatsächlich ausgeschöpft werden.

5.3 Beugung am Gitter

Wir betrachten eine ebene Welle, die senkrecht auf ein *Strichgitter* fällt, also eine Vorrichtung, die in regelmäßigen Abständen lichtdurchlässige Striche aufweist. Den

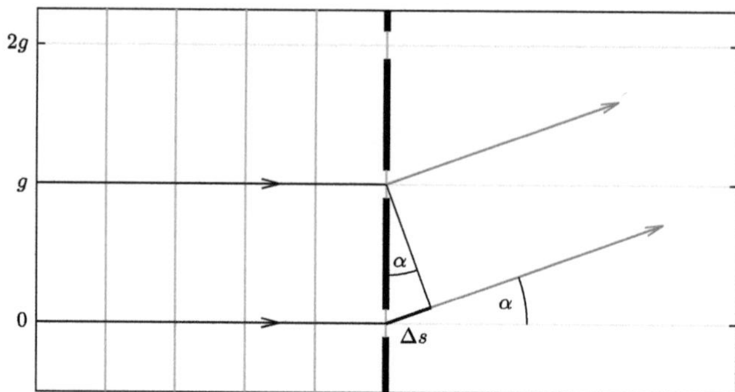

Abb. 5.7 Eine ebene Welle trifft auf ein Strichgitter mit der Gitterkonstante g, die den Abstand zweier identischer Gitterpunkte angibt. Die Welle gelangt nur durch die lichtdurchlässigen Schlitze hinter das Gitter. Jede dieser schmalen Öffnungen kann als Ausgangspunkt einer Elementarwelle angesehen werden. In der Richtung α beträgt der Wegunterschied zweier benachbarter Elementarwellen $\Delta s = g \sin \alpha$

Abstand g zweier identischer Gitterpunkte nennt man *Gitterkonstante*. Hinter dem Gitter überlagern sich die Teilwellen, die von den einzelnen lichtdurchlässigen Strichen ausgehen. In Richtung α hinter dem Gitter gilt für den Wegunterschied Δs der Wellen aus zwei benachbarten Gitterpunkten

$$\sin \alpha = \frac{\Delta s}{g}, \tag{5.30}$$

siehe Abb. 5.7. Sie interferieren konstruktiv für

$$\Delta s = z\lambda, \qquad z = 0, \pm 1, \pm 2, \ldots,$$

d. h., *Beugungsmaxima der Ordnung z* liegen vor in den Richtungen α_z mit

$$\sin \alpha_z = z \, \frac{\lambda}{g}. \tag{5.31}$$

Je kleiner die Gitterkonstante g ist, umso größer sind die Winkel α_z. Da die Beugungswinkel außerdem von der Wellenlänge abhängen, wird rotes Licht mit 800 nm stärker gebeugt als blaues mit 400 nm. Enthält das Licht, das auf das Beugungsgitter fällt, verschiedene Wellenlängen, wird es durch das Gitter daher spektral zerlegt: Jede enthaltene Wellenlänge besitzt ihr Beugungsmaximum (gegebener Ordnung z) unter ihrem spezifischen Winkel α_z.

Bemerkung Beugungserscheinungen, d. h. Beugungswinkel, die sich sichtbar von 0 unterscheiden, treten nur dann auf, wenn die Gitterkonstante hinreichend klein ist. Im Alltag können sie beispielsweise bei einem Fliegengitter beobachtet werden, durch das das Licht einer Punktlichtquelle manchmal seitlich von farbigen Streifen begleitet ist. Da es sich bei einem Fliegengitter nicht um ein Strichgitter, sondern um ein zweidimensionales Gitter handelt, treten die farbigen Streifen nach rechts und links und auch nach oben und unten auf (sofern das Fliegengitter horizontal orientiert ist).

Ein Gitter mit bekannter Gitterkonstante g kann als *Spektrometer* verwendet werden: Die Beugungsmaxima lassen sich als Streifen auf einem Schirm beobachten, der im Abstand x hinter dem Gitter platziert wird. Mit dem Abstand y eines Beugungsstreifens vom Zentrum des Beugungsbilds gilt dann

$$\tan \alpha_z = \frac{y}{x}. \tag{5.32}$$

Mit Messung von y können somit der Beugungswinkel α_z und bei bekannter Ordnung z mit Gl. (5.31) die Wellenlänge des Lichts bestimmt werden.

Beispiel An einem Beugungsgitter werde für das Licht einer Natriumdampflampe, dessen Wellenlänge mit $\lambda = 589$ nm bekannt ist, für das erste Beugungsmaximum ein Winkel von $8{,}47°$ bestimmt. Das Gitter besitzt somit die Gitterkonstante

$$g = \frac{\lambda}{\sin \alpha} = \frac{589 \cdot 10^{-9}\,\text{m}}{\sin 8{,}47°} = 4{,}00\,\mu\text{m}. \tag{5.33}$$

An demselben Gitter werden für die drei intensivsten Farben (Spektrallinien) einer Quecksilberdampflampe folgende Winkel für das erste Maximum gemessen:

$$\beta = 7{,}85°, \quad \gamma = 8{,}29°, \quad \delta = 8{,}32°. \tag{5.34}$$

Sie besitzen daher die Wellenlängen

$$\lambda_\beta = g \sin \beta = 546\,\text{nm}, \quad \lambda_\gamma = 577\,\text{nm}, \quad \lambda_\delta = 579\,\text{nm}. \tag{5.35}$$

Bemerkung Die Gitterkonstante g eines Strichgitters gibt den Abstand zweier identischer Gitterpunkte an. Gleichzeitig besitzen die Schlitze des Gitters aber auch eine gewisse Breite b, sodass neben der Beugung am Gitter auch Beugung an den Spalten des Gitters auftritt. Beide Beugungsmuster überlagern sich zum Gesamtbeugungsbild.

Das Wichtigste in Kürze

- **Interferenz** ist die Überlagerung zweier oder mehrerer Wellenzüge gleicher Wellenlänge und Frequenz.
- Der **Gangunterschied** zweier Wellenzüge, die aus derselben Lichtquelle stammen, entspricht der Differenz ihrer optischen Weglängen.
- Interferenzerscheinungen sind nur beobachtbar, wenn die sich überlagernden Wellenzüge **kohärent** sind. Die **Kohärenzlänge** gibt an, welche maximale Größe die Gangunterschiede der Wellenzüge aus einer Lichtquelle haben dürfen.
- **Laser** besitzen besonders große Kohärenzlängen bis hin zu Kilometern.
- Reflexionen an Oberflächen optischer Elemente können durch das Aufbringen von **Antireflexschichten,** sogenannten „$\lambda/4$-Schichten", unterdrückt werden.
- Beim **Michelson-Interferometer** werden Interferenzerscheinungen genutzt, um sehr genaue Längenmessungen zu realisieren.
- **Beugung** entsteht, wenn eine ebene Welle begrenzt wird. Die resultierende Welle tritt auch in den geometrischen Schatten des Hindernisses ein.
- Bei der **Beugung** am **Spalt** oder einer **Lochblende** entsteht ein dominierendes zentrales Hauptmaximum.
- Das **Auflösungsvermögen optischer Geräte** wird durch die Beugung an der Eintrittsöffnung begrenzt.
- Beugung an einem **Strichgitter** kann zur Spektroskopie von Licht genutzt werden.

Polarisation 6

Elektromagnetische Wellen sind Transversalwellen, ihre Feldvektoren schwingen senkrecht zur Ausbreitungsrichtung der Welle. Bei unpolarisiertem Licht ist die Richtung, in der diese Schwingungen erfolgen, nicht festgelegt, d. h., sämtliche Richtungen kommen gleichverteilt vor. Beispielsweise ist das Licht der Sonne unpolarisiert.

Bei linear polarisiertem Licht schwingen die Feldvektoren nur in eine bestimmte Richtung. Es gibt Lichtquellen, die polarisiertes Licht erzeugen, z. B. ein Laser. Des Weiteren gibt es verschiedene physikalische Prozesse, durch die polarisiertes Licht entsteht, etwa die Reflexion an einer Wasseroberfläche. Schließlich kann man explizit einen Polarisator verwenden, um polarisiertes Licht zu erzeugen.

Das menschliche Auge kann zwischen polarisiertem und unpolarisiertem Licht keinen Unterschied wahrnehmen.

Express Die Intensität I_0 einer linear polarisierten Welle wird durch einen Polarisator auf $I_0 \cos^2 \varphi$ reduziert und die Intensität einer unpolarisierten Welle wird halbiert. Licht wird bei Reflexion und Brechung an der Grenzfläche zu einem transparenten Medium teilweise polarisiert. Die Brechzahl eines doppelbrechenden Kristalls hängt von der Polarisationsrichtung des Lichts ab. Er erlaubt die Erzeugung von zirkular polarisiertem Licht.

6.1 Wirkung eines Polarisators

Ein *Polarisator* ist eine Vorrichtung, die von einer Lichtwelle nur eine bestimmte Polarisationsrichtung passieren lässt, siehe Abb. 6.1. Er stellt also aus unpolarisiertem Licht *linear polarisiertes* Licht her, dessen E-Feldvektoren nur noch in der durch den

J. Balla, *Optik*, https://doi.org/10.1007/978-3-662-72644-0_6

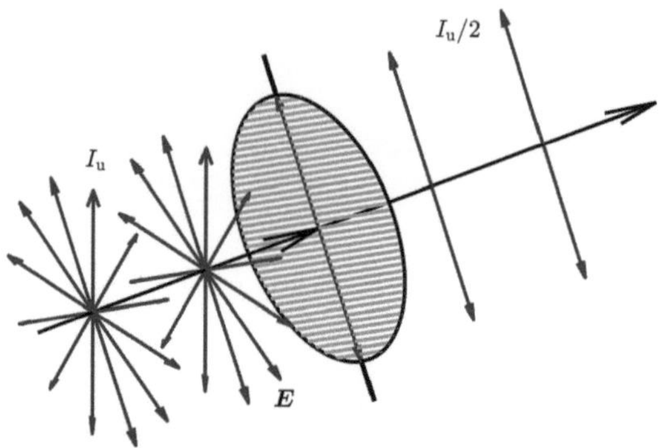

Abb. 6.1 Bei unpolarisiertem Licht schwingen die Feldvektoren statistisch gleichverteilt in alle Richtungen senkrecht zur Ausbreitungsrichtung der Lichtwelle. Ein Polarisator ist eine Vorrichtung, die nur eine Schwingungsrichtung passieren lässt. Licht, das einen solchen Polarisator passiert, ist anschließend in dessen Durchlassrichtung polarisiert. Bei eingangs unpolarisierten Licht wird seine Intensität halbiert

Polarisator bestimmten Richtung liegen – womit gleichermaßen auch die Richtung der $\boldsymbol{B}$-Feldvektoren festgelegt ist.

Bemerkung Ein Polarisator kann z. B. durch eine spezielle Folie realisiert werden, die in eine Richtung gedehnt wird und in die anschließend leitfähige Kristalle eingelagert werden, die sich entsprechend der Struktur der Folie ausrichten. In Richtung der Leitfähigkeit liegende $\boldsymbol{E}$-Felder einer eintreffenden Lichtwelle werden damit absorbiert, d. h., die Folie lässt nur noch $\boldsymbol{E}$-Felder passieren, die senkrecht zu ihrer Struktur liegen.

Sehen wir uns die Wirkung eines Polarisators auf eine bestimmte Schwingungsrichtung $\boldsymbol{E}_0$ einfallenden Lichts an, wobei die Durchlassrichtung des Polarisators um den Winkel φ gegen $\boldsymbol{E}_0$ gedreht sei: Die Feldvektoren $\boldsymbol{E}_0$ können vektoriell zerlegt werden in ihre Anteile in Durchlassrichtung und ihre Anteile senkrecht dazu. Nur der Anteil in Durchlassrichtung,

$$E_\varphi = E_0 \cos \varphi, \tag{6.1}$$

kann den Polarisator passieren, siehe Abb. 6.2. Daraus folgt, dass von der ursprünglichen Intensität $I_0 \propto E_0^2$ der Welle vor dem Polarisator hinter dem Polarisator noch die Intensität

$$I_\varphi = I_0 \cos^2 \varphi \tag{6.2}$$

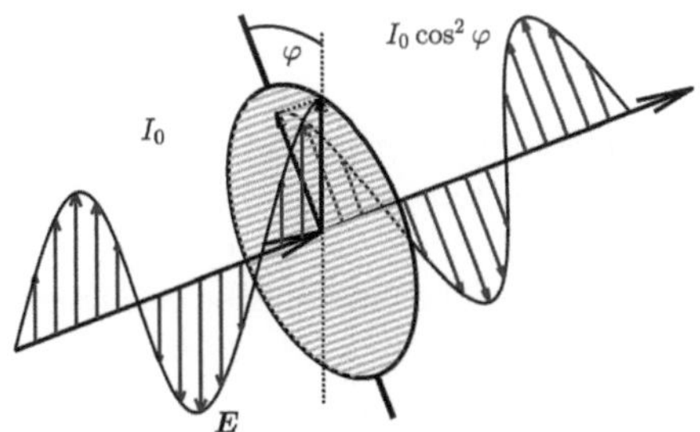

Abb. 6.2 Eine polarisierte Lichtwelle trifft auf einen Polarisator, dessen Durchlassrichtung um den Winkel φ gegen die Polarisationsrichtung der einlaufenden Welle gedreht ist. Nur der Anteil des einlaufenden E-Felds in Durchlassrichtung passiert den Polarisator, sodass die einlaufende Intensität I_0 hinter dem Polarisator auf $I_0 \cos^2 \varphi$ reduziert ist

vorhanden ist. Diesen Zusammenhang bezeichnet man als das *Gesetz von Malus*[1].

Beispiel Fällt eine polarisierte Lichtwelle auf einen Polarisator, dessen Durchlassrichtung um 30° gegen die Polarisationsrichtung des Lichts gedreht ist, beträgt der Anteil des transmittierten Lichts

$$\frac{I_\varphi}{I_0} = \cos^2 30° = \left(\frac{1}{2}\sqrt{3}\right)^2 = \frac{3}{4} = 75\,\%. \tag{6.3}$$

Das Licht wird somit um 25 % abgedunkelt. Außerdem weist es jetzt die Polarisationsrichtung des Polarisators auf.

Steht ein Polarisator quer zur Schwingungsrichtung einer Lichtwelle, haben wir es mit $\varphi = 90°$ zu tun und die Welle wird vollständig absorbiert.

Bei unpolarisiertem Licht schwingen die E-Feldvektoren statistisch gleichverteilt in alle Richtungen. Trifft solches Licht mit der Intensität I_u auf einen Polarisator, ergibt sich die transmittierte Intensität aufgrund von Gl. (6.2) aus dem Mittelwert der $\cos^2$-Funktion, der gleich $1/2$ ist.[2] Hinter dem Polarisator haben wir also eine in dessen Durchlassrichtung polarisierte Welle mit der Intensität

$$I_p = \frac{I_\mathrm{u}}{2}. \tag{6.4}$$

Durch die Polarisation wird die Hälfte des eingangs unpolarisierten Lichts absorbiert.

---

[1] Benannt nach dem französischen Ingenieur und Physiker Louis Malus, 1775–1812.
[2] Der integrale Mittelwert auf dem Intervall von 0 bis π ist $M = \frac{1}{\pi}\int_0^\pi \cos^2 \varphi\, \mathrm{d}\varphi = 1/2$.

6.2   Polarisation durch Reflexion und Brechung

Licht, das auf die Oberfläche eines transparenten Mediums wie Wasser oder Glas
fällt, wird teilweise reflektiert und teilweise gebrochen. Dabei ist die Polarisation der
einfallenden Welle von Bedeutung: *Senkrecht zur Einfallsebene* schwingende Feldvektoren sind beim Auftreffen auf die Grenzfläche noch nicht in das neue Medium
eingetreten und werden *bevorzugt reflektiert*. *Parallel zur Einfallsebene* schwingende
Feldvektoren hingegen sind bereits teilweise in das Medium eingetreten und werden
bevorzugt gebrochen.[3] Siehe Abb. 6.3.

Bemerkung Bei Licht, das auf die Oberfläche eines transparenten Mediums
fällt, hängen die Reflexions- bzw. Transmissionskoeffizienten somit nicht nur
vom Einfallswinkel ab, sondern auch vom Polarisationszustand der einlaufenden Welle. Gl. (2.4) für senkrechten Lichteinfall jedoch gilt unabhängig von
der Polarisation, da bei senkrechtem Einfall keine Einfallsebene festgelegt wird
und damit auch keine Polarisationsrichtung ausgezeichnet ist.

Wenn also eine unpolarisierte Lichtwelle auf die Grenzfläche zu einem durchsichtigen Medium trifft, ist die reflektierte Welle teilweise senkrecht zur Einfallsebene

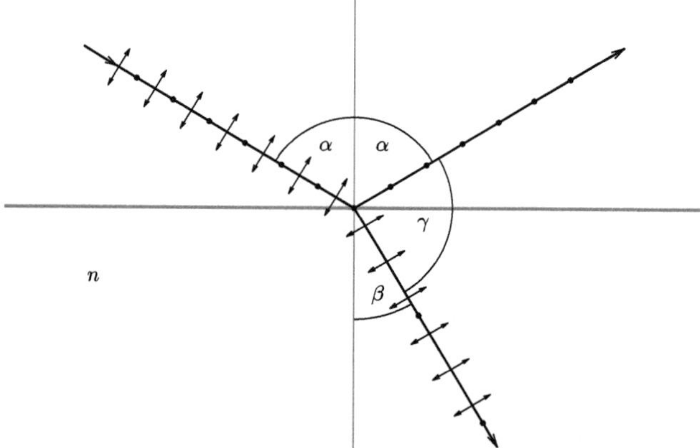

Abb. 6.3 Trifft Licht auf die Grenzfläche zu einem durchsichtigen Medium, werden Wellenanteile, die senkrecht zur Einfallsebene schwingen, bevorzugt reflektiert. Wellenanteile, die parallel
zur Einfallsebene schwingen, werden bevorzugt gebrochen. Schließen reflektierte und gebrochene
Welle einen Winkel von $\gamma = 90°$ ein, ist die reflektierte Teilwelle vollständig polarisiert

---

[3] Der Zusammenhang mit teilweise bereits in das neue Medium eingetretenen Feldvektoren ist nur
als Merkregel zu verstehen. Siehe die Fußnote im Zusammenhang mit Gl. (2.4).

und die gebrochene Welle teilweise parallel zur Einfallsebene polarisiert.[4] Wie stark diese teilweisen Polarisationen sind, hängt vom Einfallswinkel ab. Dabei liegt für einen bestimmten Einfallswinkel für das *reflektierte* Licht *vollständige* Polarisation vor: Dieser Fall tritt ein, wenn reflektierte und gebrochene Welle senkrecht zueinander sind. Für den zugehörigen speziellen Einfallswinkel α_p gilt somit

$$\alpha_p + \beta = 90° \qquad \text{oder} \qquad \beta = 90° - \alpha_p, \tag{6.5}$$

siehe Abb. 6.3. Daraus folgt

$$\sin\beta = \sin(90° - \alpha_p) = \cos\alpha_p \tag{6.6}$$

und mit dem Brechungsgesetz und der Brechzahl n des Mediums,

$$\frac{\sin\alpha_p}{\sin\beta} = n, \tag{6.7}$$

erhalten wir das sogenannte *Brewster-Gesetz*[5]

$$\tan\alpha_p = n. \tag{6.8}$$

Der spezielle Einfallswinkel α_p heißt *Brewster-Winkel* oder *Polarisationswinkel. Bei diesem Einfallswinkel auf ein durchsichtiges Medium, also beispielsweise Wasser oder Glas, ist die reflektierte Welle vollständig senkrecht zur Einfallsebene polarisiert.*[6] Für Wasser mit der Brechzahl $1{,}33$ ist

$$\alpha_p = \arctan n = \arctan 1{,}33 \approx 53°, \tag{6.9}$$

d. h., Licht, das seine Richtung bei der Reflexion an einer Wasseroberfläche um $106°$ ändert, ist anschließend vollständig polarisiert.

Licht, das senkrecht von einer durchsichtigen Oberfläche reflektiert wird, ändert seinen Polarisationszustand nicht, da in diesem Fall keine Schwingungsrichtung ausgezeichnet ist. Des Weiteren führt die Reflexion an einer Metalloberfläche – die keine Grenzfläche zu einem durchsichtigen Medium darstellt – *nicht* zu einer Polarisation des reflektierten Lichts.

---

[4] Im Unterschied zu einer unpolarisierten Welle, bei der alle Polarisationsrichtungen statistisch gleichverteilt vorliegen, treten bei einer teilweise polarisierten Welle bestimmte Polarisationsrichtungen gehäuft auf.

[5] Benannt nach dem schottischen Physiker David Brewster, 1781–1868.

[6] Das heißt nicht, dass die gebrochene Welle dann vollständig parallel polarisiert wäre. Vielmehr ist nur der Reflexionskoeffizient für parallele Polarisation beim Brewster-Winkel gleich 0. Dessen ungeachtet treten weiterhin auch senkrecht polarisierte Anteile in das durchsichtige Medium ein.

Beispiel Eine „polarisierte" Sonnenbrille verfügt über Polarisationsfilter mit vertikaler Durchlassrichtung, d. h., horizontal polarisierte Lichtwellen werden absorbiert. Damit wird unpolarisiertes Licht – z. B. direktes Sonnenlicht – zu 50 % absorbiert, siehe Gl. (6.4). Da Sonnenbrillen typischerweise Abdunklungen von 85 % oder mehr aufweisen, enthält die Brille zusätzlich noch einen gewöhnlichen Abdunklungsfilter.

Die spezielle Wirkung einer „Pol-Brille" besteht darin, dass sie Licht, das von einer Wasseroberfläche oder einer Schneefläche reflektiert wurde und daher vorwiegend horizontal polarisiert ist, stärker absorbiert. Solche Brillen können somit am Meer oder im Schnee, also etwa beim Segeln oder Skifahren, vorteilhaft sein, weil sie störende Reflexionen gezielt unterdrücken. Allerdings gibt es im Alltag auch andere Quellen für polarisiertes Licht. Beispielsweise kann die Ablesbarkeit von LCD-Displays durch eine Pol-Brille beeinträchtigt werden.

6.3   Polarisation durch Doppelbrechung

Im Unterschied zu „normalem" optischem Glas oder Kunststoff kann ein transparenter Kristall *optisch anisotrop* sein, d. h., seine optischen Eigenschaften können von der Orientierung seiner Kristallstruktur abhängen. Der einfachste Fall ist ein *einachsiger* Kristall, dessen Kristallgitter nur eine ausgezeichnete Richtung aufweist, die man als seine *optische Achse* bezeichnet.

Die Phasengeschwindigkeit hängt in einem einachsigen Kristall von der Ausbreitungsrichtung und der Polarisation der Welle ab. Es kann daher zu *Doppelbrechung* einer einlaufenden Lichtwelle kommen, weil unterschiedliche Polarisationsanteile der Welle im Kristall unterschiedliche Brechzahlen besitzen. Man unterscheidet zwischen dem *ordentlichen Strahl,* der senkrecht zum *Strahlhauptschnitt* – d. h. der Ebene, in der die optische Achse des Kristalls und der einfallende Lichtstrahl liegen – polarisiert ist und die isotrope Brechzahl n_o besitzt, und dem parallel zum Strahlhauptschnitt polarisierten *außerordentlichen Strahl* mit der Brechzahl n_ao, die von der Richtung im Kristall abhängt. In Richtung der optischen Achse gilt dabei $n_\mathrm{o} = n_\mathrm{ao}$ und senkrecht dazu besitzt n_ao seinen extremalen Wert, wobei man für $n_\mathrm{ao} \geq n_\mathrm{o}$ von einem *positiv einachsigen* und für $n_\mathrm{ao} \leq n_\mathrm{o}$ von einem *negativ einachsigen* Kristall spricht.

Bemerkung Mit $\Delta n = n_\mathrm{ao} - n_\mathrm{o}$ ist für einen positiv einachsigen Kristall $\Delta n \geq 0$ und für einen negativ einachsigen $\Delta n \leq 0$. Dabei meint man mit Δn im Allgemeinen den maximalen Unterschied der Brechzahlen, der für Ausbreitungsrichtungen senkrecht zur optischen Achse auftritt. Die Brechzahlen verschiedener einachsiger Kristalle bewegen sich im Bereich von 1,5 bis 2,5, wobei Δn unterschiedlich groß sein kann: Beispielsweise besitzt Kalkspat für $\lambda_0 = 590\,\mathrm{nm}$ den Wert $\Delta n = -0{,}172$ und für Quarz ist $\Delta n = +0{,}009$.

Trifft eine unpolarisierte Lichtwelle senkrecht auf die Grenzfläche zu einem einachsigen Kristall, die *parallel zu seiner optischen Achse* liegt, tritt die Welle ohne Brechung in den Kristall ein, wird aber in zwei Anteile zerlegt: Der senkrecht zum Strahlhauptschnitt polarisierte ordentliche Strahl bewegt sich mit der Geschwindigkeit $c_\mathrm{o} = c_0/n_\mathrm{o}$ fort und der parallel zum Strahlhauptschnitt polarisierte außerordentliche Strahl mit der Geschwindigkeit $c_\mathrm{ao} = c_0/n_\mathrm{ao}$.

Bemerkung Neben der Ausbreitungsgeschwindigkeit können sich auch andere optische Eigenschaften für ordentlichen und außerordentlichen Strahl unterscheiden. So besitzt Turmalin die Eigenschaft, den ordentlichen Strahl stärker zu absorbieren als den außerordentlichen Strahl. Eine parallel zur optischen Achse geschnittene Turmalinplatte kann daher als Polarisationsfilter verwendet werden: Nach einer Schichtdicke von ungefähr 1 mm ist der ordentliche Strahl fast vollständig absorbiert, während der außerordentliche Strahl nahezu ungeschwächt bleibt.

6.4   Zirkulare Polarisation

Bei einer *zirkular polarisierten* Lichtwelle befindet sich der Amplitudenvektor E_0 in einer beständigen Rotation um die Ausbreitungsrichtung der Welle, siehe Abb. 6.4. Anders als bei einer linear polarisierten Welle sind bei zirkularer Polarisation somit sämtliche Schwingungsrichtungen zeitlich gleichverteilt enthalten.

Eine zirkular polarisierte Welle entsteht durch Überlagerung zweier senkrecht zueinander linear polarisierter Teilwellen gleicher Amplitude und Frequenz, wenn

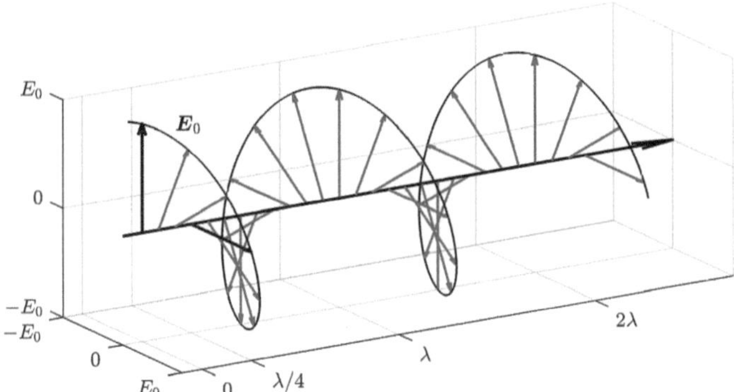

Abb. 6.4 Bei einer zirkular polarisierten Welle rotiert der Amplitudenvektor E_0 um die Ausbreitungsrichtung. Sie entsteht durch Überlagerung zweier senkrecht zueinander liegenden linear polarisierten Wellen, die einen Gangunterschied von $\lambda/4$ zueinander haben. Die dargestellte Welle ist rechtshändig zirkular polarisiert

diese Teilwellen eine Phasendifferenz von $\pm\pi/2$ zueinander haben, wenn also das Maximum der einen Polarisationsrichtung mit dem Nulldurchgang der anderen zusammenfällt: Für eine Wellenausbreitung in x-Richtung entsteht aus der Überlagerung von

$$\boldsymbol{E}_y(t, x) = E_0\boldsymbol{e}_y \sin(\omega t - kx) \tag{6.10}$$

und

$$\boldsymbol{E}_z^{\pm}(t, x) = E_0\boldsymbol{e}_z \sin(\omega t - kx \pm \pi/2) \tag{6.11}$$

eine zirkular polarisierte Welle, deren Amplitudenvektor $\boldsymbol{E}_0$ in Ausbreitungsrichtung mit $\boldsymbol{E}_z^{+}$ rechtshändig und mit $\boldsymbol{E}_z^{-}$ linkshändig umläuft.

Eine linear polarisierte Welle kann durch eine parallel zur optischen Achse geschnittene Schicht eines doppelbrechenden Kristalls in eine zirkular polarisierte Welle überführt werden: Schließt die Polarisationsrichtung der senkrecht einlaufenden Welle einen Winkel von 45° mit der optischen Achse ein, wird sie im Kristall in einen ordentlichen und einen außerordentlichen Strahl gleicher Amplitude zerlegt. Da sich beide Anteile mit unterschiedlichen Geschwindigkeiten bewegen, besitzen sie nach Durchlaufen einer Schichtdicke d den Gangunterschied

$$\Delta L = (n_{\mathrm{ao}} - n_{\mathrm{o}})\,d \tag{6.12}$$

zueinander, entsprechend der Phasendifferenz

$$\Delta\varphi = \frac{2\pi}{\lambda_0}\,(n_{\mathrm{ao}} - n_{\mathrm{o}})\,d. \tag{6.13}$$

Nach Durchlaufen einer „$\lambda/4$-Schicht", d. h., für $|\Delta L| = \lambda_0/4$, weisen die beiden Teilwellen eine Phasendifferenz von $\pm\pi/2$ auf. Für eine insgesamt vorliegende Schichtdicke d, die der Beziehung

$$|n_{\mathrm{ao}} - n_{\mathrm{o}}|\,d = (1 + 2k)\frac{\lambda_0}{4}, \quad k = 0, 1, 2, \ldots \tag{6.14}$$

genügt, wird die einlaufende linear polarisierte Welle somit in eine zirkular polarisierte Welle überführt, deren Polarisation mit jedem Schritt von k zwischen rechts- und linkshändig wechselt.

Beispiel Für Kalkspat mit $\Delta n = -0{,}172$ bei $\lambda_0 = 590\,\mathrm{nm}$ entspricht die Schichtdicke

$$d_{\lambda/4} = \frac{\lambda_0}{4|\Delta n|} = 0{,}858\,\mu\mathrm{m} \tag{6.15}$$

einer $\lambda/4$-Schicht und erzeugt damit aus einer unter 45° zur optischen Achse linear polarisierten, senkrecht einlaufenden Welle eine zirkular polarisierte Welle. Dies ist mit einer „$3\lambda/4$-Schicht" mit $3 \cdot 0{,}858\,\mu\mathrm{m} = 2{,}574\,\mu\mathrm{m}$ ebenso der Fall, allerdings mit umgekehrtem Drehsinn der resultierenden Welle. Eine „λ-Schicht" mit $4 \cdot 0{,}858\,\mu\mathrm{m} = 3{,}432\,\mu\mathrm{m}$ Dicke verändert die einlaufende Welle hingegen nicht und sie verlässt die Schicht unverändert linear polarisiert.

Bemerkung In der Fotografie können Polfilter eingesetzt werden, um unerwünschte Spiegelungen an durchsichtigen Oberflächen zu unterdrücken, etwa beim Fotografieren durch eine Fensterscheibe. Des Weiteren ändert ein Polfilter in bestimmten Situationen die Lichtstimmung, beispielsweise kann der Himmel dunkler blau erscheinen usw. Um den Filter auf die jeweilige Situation anpassen zu können, ist er in einer drehbaren Fassung angebracht.

Der Polfilter vor dem Objektiv einer Kamera ist zunächst ein ganz normaler Polarisationsfilter. In modernen Kameras finden sich allerdings eine Reihe von Sensoren (Autofokus, Belichtungsmessung), für die polarisiertes Licht problematisch sein kann, beispielsweise weil sie selbst nur Wellen einer bestimmten Polarisation aufnehmen. Diese Sensoren werden also potenziell durch polarisiertes Licht „irritiert". Abhilfe schafft ein Zirkularpolfilter, der im Anschluss an die lineare Polarisationsschicht eine weitere Schicht aus einem doppelbrechenden Kristall besitzt, mit der die linear polarisierte Welle in eine zirkular polarisierte Welle überführt wird. Diese Welle wirkt wie unpolarisiertes Licht und irritiert die Messsysteme nicht.

Das Wichtigste in Kürze

- Transversalwellen schwingen senkrecht zu ihrer Ausbreitungsrichtung. Sonnenlicht ist **unpolarisiert,** d. h., sämtliche Schwingungsrichtungen liegen gleichverteilt vor. Im Gegensatz dazu erfolgt bei einer **linear polarisierten** Welle die Schwingung nur in eine Richtung.
- Ein **Polarisator** erzeugt eine in seiner Durchlassrichtung polarisierte Welle.
- Eine Lichtwelle, die auf einen Polarisator trifft, kann abhängig von ihrem Polarisationszustand teilweise oder ganz absorbiert werden. Die Intensität einer **unpolarisierten Welle** wird **halbiert.** Für eine polarisierte Welle gilt das **Gesetz von Malus.**
- Reflexion und Brechung an der Grenzfläche eines durchsichtigen Mediums führen zu teilweiser Polarisation der Wellen. Trifft eine Welle mit dem **Brewster-Winkel** auf die Grenzfläche, ist die **reflektierte Welle vollständig polarisiert.**
- Ein **doppelbrechender Kristall** ist optisch anisotrop. Er spaltet einlaufendes Licht auf in einen **ordentlichen** und einen **außerordentlichen Strahl,** die senkrecht zueinander polarisiert sind.
- Bei **zirkular polarisiertem Licht** befindet sich der Amplitudenvektor in beständiger Rotation um die Ausbreitungsrichtung der Welle.
- Mit einer Schicht aus doppelbrechendem Material passender Dicke kann eine **linear polarisierte Welle in eine zirkular polarisierte Welle überführt** werden.

Stichwortverzeichnis

WissensExpress

LEHRBUCH

Jochen Balla

Schwerefeld der Erde

Gravitation – Erdellipsoid – Geoid

Springer Spektrum